陕西主要设施蔬菜实用栽培技术

张万　张明科　编著

西北农林科技大学出版社

图书在版编目(CIP)数据

陕西主要设施蔬菜实用栽培技术/张万,张明科编著. — 杨凌:西北农林科技大学出版社,2021.11
 ISBN 978-7-5683-1030-7

Ⅰ.①陕… Ⅱ.①张…②张… Ⅲ.①蔬菜园艺-设施农业-陕西 Ⅳ.①S626

中国版本图书馆CIP数据核字(2021)第219695号

陕西主要设施蔬菜实用栽培技术
张万　张明科　编著

出版发行	西北农林科技大学出版社
地　　址	陕西杨凌杨武路3号　　邮　编:712100
电　　话	总编室:029-87093105　发行部:029-87093302
电子邮箱	press0809@163.com
印　　刷	陕西天地印刷有限公司
版　　次	2021年11月第1版
印　　次	2021年11月第1次印刷
开　　本	787mm×960mm　1/16
印　　张	14.5
字　　数	212千字

ISBN 978-7-5683-1030-7

定价:36.00元

本书如有印装质量问题,请与本社联系

中共咸阳市委书记杨长亚、市长卫华观摩泾阳西红柿产业

陕西省农业农村厅副厅长宁殿林调研泾阳蔬菜

中共泾阳县委书记拓巍峰视察蔬菜基地建设情况

中共泾阳县委副书记杨虎视察泾云育苗中心

泾阳县副县长贾晓妮调查设施番茄品种试验情况

泾阳县蔬菜产业服务中心主任陈健视查西红柿种植情况

宝鸡市农业农村局、咸阳市农业农村局主要领导调研泾阳蔬菜

丝路青年科学家科教合作与生物健康农业发展国际研讨会参会者来泾阳调研

《陕西主要设施蔬菜实用栽培技术》

编委会

主　　任：陈　健
副 主 任：郭纪宁　刘　勇
主　　编：张　万　张明科
副 主 编：马建祥　张　勇　翁爱群　李　瑞
　　　　　宇　军
编写人员：庞启勇　任　苗　王　新　陈　静
　　　　　何　萍　武晓静　任引峰　刘江利
　　　　　何　泼　何亚国　申　超　朱创江

序

蔬菜是人们日常生活不可或缺的重要食品,古人云:"三日可无肉,日菜不可无"。随着经济的快速发展,人们生活的显著改善,对蔬菜品类、品质、营养的要求日益提高,传统大路蔬菜已不能满足人们需求。设施蔬菜的产生和不断发展,有效缓解了北方地区冬春反季节蔬菜短缺的问题,不仅提升了蔬菜产业发展水平,增加了种植农民收入,而且丰富了居民"菜篮子",满足了人们对蔬菜多样化的需求。

近年来,陕西省委省政府高度重视蔬菜产业发展,实施"百万亩设施蔬菜工程"、"千亿级设施农业工程"等,推动了蔬菜产业的快速发展。截止2020年,全省蔬菜总面积达到760多万亩,产量1900多万吨,其中设施蔬菜221万亩,产量803万吨,蔬菜已成为促进农民增收的重要支柱产业。但是,在产业发展过程中也存在品种结构不合理、栽培水平不高、机械化自动化应用率低、效益空间收窄等诸多问题。

为了更好地贯彻落实《中共中央国务院关于实施乡村振兴战略的意见》精神,贯彻新发展理念,实现蔬菜产业兴旺和高质量发展,促进蔬菜由主要满足"量"的需求向更加注重"质"的提升转变,加快蔬菜品种和技术更新、设施蔬菜机械化和设施装备升级,实现"提质增效",编者经过大量试验研究、生产实践,从专业的角度梳理总结出针对性强,先进实用的主要蔬菜品种栽培技术,编写了《陕西主要设施蔬菜实用栽培技术》。

本书中蔬菜新品种及实用技术,是由西北农林科技大学泾阳蔬菜试验示范站、泾阳县蔬菜产业服务中心和兴平市园艺站的专家、技术骨干,经过多年调查总结及相关试验研究形成的,涵盖了番茄、黄瓜、辣椒、茄子、西甜瓜、西葫芦、南瓜等设施栽培种类,清水莲菜、洋葱、胡萝卜、大蒜、黄花菜、豇豆和莴笋等露地栽培种类,品种丰富,技术先进,兼具新颖性、实用性和可靠性,省内气候相似区域可参照应用。期待这些品种和技术的推广应用,能够为农业兴农民富农村美做出贡献。

陕西省园艺技术工作站站长

2021 年 10 月

目录

设施蔬菜栽培技术篇

早春甘蓝大中棚三膜覆盖丰产栽培技术 …… 2
拱棚春甘蓝、茄子、秋菜花高产栽培技术 …… 7
彩椒与乳瓜间套生态防病栽培技术 …… 11
温室草莓、西瓜高效栽培技术 …… 14
日光温室番茄、甜瓜高效栽培技术 …… 18
温室辣椒长季节绿色高效栽培技术 …… 26
泾阳大棚秋延后螺丝椒丰产栽培技术 …… 31
无公害鲜椒生产技术 …… 36
线辣椒标准化栽培技术 …… 43
关中地区日光温室越冬茬番茄栽培技术 …… 47
泾阳日光温室樱桃番茄长季节高产栽培技术 …… 57
越冬日光温室番茄栽培技术 …… 62
秋冬茬温室茄子栽培技术 …… 66
日光温室越冬茬茄子高效栽培技术 …… 70
日光温室冬春茬黄瓜栽培技术 …… 75
精品甜瓜吊蔓栽培技术 …… 83
早春薄皮甜瓜设施栽培技术 …… 88
关中地区塑料大棚早春西葫芦高效栽培技术 …… 93
关中地区迷你玉南瓜塑料大棚早春高效栽培技术 …… 98
洋葱高产栽培技术 …… 104

秋季胡萝卜的高产栽培技术 …………………………………… 106

清水莲菜无公害栽培技术 ………………………………………… 109

大棚蘑菇生产技术 ………………………………………………… 112

大蒜、蒜薹高效栽培技术 ………………………………………… 115

黄花菜高效栽培技术 ……………………………………………… 120

豇豆栽培技术 ……………………………………………………… 124

莴笋优质高产栽培技术 …………………………………………… 127

菠菜栽培技术 ……………………………………………………… 130

早熟地膜马铃薯栽培技术 ………………………………………… 133

雾霾天设施蔬菜管理技术 ………………………………………… 136

日光温室番茄熊蜂授粉技术 ……………………………………… 139

日光温室蔬菜沼液追肥技术 ……………………………………… 142

设施蔬菜新品种简介篇

番茄新品种 ………………………………………………………… 146

南瓜新品种 ………………………………………………………… 148

西葫芦新品种 ……………………………………………………… 149

西甜瓜品种简介 …………………………………………………… 150

设施蔬菜病虫害防治篇

泾阳番茄黄化曲叶病毒病发生原因及防治 ……………………… 154

番茄褪绿病毒病防治 ……………………………………………… 156

番茄斑萎病毒病防治 ……………………………………………… 157

温室番茄灰叶斑病防治有误区 …………………………………… 158

设施番茄常见病害的识别与防治 ………………………………… 160

设施番茄细菌性病害防治 ………………………………………… 164

日光温室冬春茬辣椒常见病害及防治 …………………………… 168

设施茄子主要病虫害及防治 …………………………………… 173
西葫芦主要病虫害及防治 …………………………………… 179
甜瓜主要病虫害及防治 ……………………………………… 181
菜花主要病虫害及防治 ……………………………………… 185
白菜主要病虫害及防治 ……………………………………… 188
西兰花常见病虫害及防治 …………………………………… 190
甘蓝主要病虫害及防治 ……………………………………… 193
莴笋主要病虫害及防治 ……………………………………… 196
大蒜主要病虫害及防治 ……………………………………… 199
洋葱主要病虫害及防治 ……………………………………… 201
无公害蔬菜生产中病虫害防治关键技术探析 ………………… 204

设施蔬菜栽培

技术篇

早春甘蓝大中棚三膜覆盖丰产栽培技术

1 品种选择

春甘蓝栽培品种的选择尤为重要,由于栽培设施光照弱、湿度大,所以要选择光饱和点低、光合效率高、产量和品质好的品种;加之冬季育苗期间温度相对较低,所以要选择低温条件下生长速度较快的品种。根据种植茬口的安排和上市时间的要求,春甘蓝一般选择早熟、冬性强、定植至成熟45~60天的牛心甘蓝和圆球甘蓝品种,如中甘56、中甘628、冬丽42、福绿、珍绿、兆春、盛绿50、早优美、意大利极早和争春等。

2 培育壮苗

2.1 播种期

春甘蓝播种育苗时间点不宜过早,因为幼苗长得过大,容易通过春化造成先期抽薹。其在温室内育苗的适宜苗龄约为40天左右,冷床育苗的苗龄约60天左右。根据产品的期望上市时间,结合当地当年的气候条件及栽培设施的性能,在确定定植期的基础上,向前推算减去苗龄时间,即为适宜的播种期。大中棚三膜覆盖栽培方式:甘蓝幼苗定植后在大中棚内栽培畦上架设小拱棚,畦面覆盖地膜,形成3膜覆盖栽培方式。待缓苗后,放出地膜下的幼苗。大中棚内架设小拱棚后,小拱棚内温度可提高3~5℃,小拱棚内覆盖地膜后,气温又可增加1℃左右,同时地温也有明显的增长。采用该栽培技术,一般于11月中下旬在日光温室内播种育苗,来年1月上中旬定植,3月中下旬至4月初产品上市。

2.2 播种育苗

根据育苗数量,在日光温室内准备苗床。苗床面积为栽培田块的1/50。铺设地热线,其上放置适于甘蓝幼苗生长的基质约10厘米厚,加入适量的杀菌剂(如多菌灵或百菌清),混匀后浇透水,干籽撒播,栽培面积1亩(1亩=$667m^2$)播种量约为25克左右,播种后表面覆盖一层0.3~0.5厘米潮湿基质,覆地膜,然后于苗床上搭建小拱棚,晚上通电加温,一般3~5天即可出苗。

2.3 分苗

等幼苗生长到2叶1心时,将幼苗从育苗床拔出,采用50孔穴盘进行分苗。分苗前要适量浇水,使起苗时床土湿润,幼苗根部容易带原土,伤根少。起苗时尽量不要损伤根系和叶子,并按大小苗分级,使穴盘内幼苗尽量大小一致,以便管理。起苗和分苗要配合好,一次不要起苗太多。起出的苗应立即分到穴盘中去。基质处理:根据基质用量,加入适量的杀菌剂,拌匀浇水直至基质含水量为最大持水量的55%~65%,即手握后有水印且无滴水即可。装盘:将配好的基质装进穴盘中,使每个孔穴都装满基质,并用木板刮平。压穴:根据幼苗高度,用竹棍或自制压穴板压穴至适宜深度。分苗:去除弱苗病苗,将生长较为一致的幼苗移栽到压好穴的盘中,分苗的深浅一般以子叶高出土面1.0~1.5厘米左右为宜,每穴1苗,用基质压实。多分5~10盘备用苗,用作补缺。分苗完成后,将穴盘摆放到预先铺设好地热线的新苗床中,放置前给苗床底部喷洒少许水。摆放好后,搭建拱棚,覆盖薄膜,晚上通电加温,3天后逐渐通风。

2.4 苗期管理

(1)温度

出苗期间和分苗后一周内,白天温度不要超过30℃,最适20~25℃,夜间10~15℃,3~5天即可出苗;齐苗后适当降低苗床温度,以防徒长,白天18~20℃,夜间8~15℃即可。

(2)水分

出苗前基质或土壤持水量应保持在85%左右;出苗后子叶展开到第1片

真叶长出,持水量保持在80%左右。从1叶1心到2叶1心,持水量在70%左右;3叶1心至成苗,见干见湿,持水量保持在60%左右。

(3)追肥

为了达到培育壮苗的目的,在育苗中后期,为防止基质脱肥,可采用0.1%磷酸二氢钾或0.3%尿素溶液进行叶面喷施2~3次。

注意事项:分苗前3~5天应适当降低苗床的夜间温度,并逐渐放大风,锻炼幼苗,增强幼苗的适应性。定植前7~10天苗床逐渐放大风,降温炼苗,以提高幼苗对定植环境的适应能力。壮苗标准:经过低温锻炼,茎节短粗,叶片浓绿、肥大、紧凑,具有5~6片真叶,根系完整发达,生长整齐,无病虫危害。

3 定植

3.1 整地施肥

选择地势平坦、土层深厚肥沃、土质疏松、排灌方便的壤土田块进行栽培。前茬作物(不宜为十字花科蔬菜作物)清理后,每亩施入完全腐熟的有机肥3000~5000千克,过磷酸钙35千克,硫酸钾15千克,深翻30厘米混合均匀,用耙子搂平,平畦栽培。

3.2 定植

5~6真叶时为最适定植期,阴天或晴天下午定植。取苗时尽量带全基质块,防止伤根。株行距25~35厘米×40厘米,每亩定植5000株左右。定植后浇水,水量不宜过多,能够满足缓苗需要即可,并于栽培畦上搭建小拱棚、畦面覆盖地膜进行保温。定植7~10天后要及时查看苗情,及时补苗,保证全苗。

4 田间管理

4.1 温度管理

缓苗期间不通风,以提高棚温,促进缓苗。当心叶开始生长时,标志缓苗结束,此时可以撤去小拱棚或者畦面地膜,成为双膜栽培;也可以将地膜下幼苗放出,地膜紧贴地面,形成三膜栽培方式。随后应适当通风降温,白天控制在18~23℃,夜晚1~15℃。此时,外界气温仍然较低,主要依靠拱棚来创造适宜的温度环境。当棚内温度高于28℃时,要进行放风降温。当棚内日均温达10℃以上,可以逐步撤去小拱棚薄膜,使植株接受更多光照。注意结球期间棚温白天不超过25℃,夜间不超过15℃。当外界温度稳定在15℃以上时,可撤去大中棚薄膜。

4.2 肥水管理

春甘蓝一般追肥3次,前少后多,分别于缓苗后、莲座期和结球期进行,前期以氮肥为主,结球期需磷钾肥较多。定植后浇适量定根水,缓苗后配合浇水每亩追施5千克尿素。当大多数植株进入莲座期后,适度中耕,促进根系发育,并结合浇水每亩追施氮肥10千克和钾肥10千克,同时叶面喷施0.2%硼砂溶液1~2次。当莲座叶基本封行,心叶开始抱合时,即进入结球期。这个时期是甘蓝生长最快的时期,生长量最大,一般占整个营养生长时期生长量的70%~80%,早熟品种结球期短,一般只有20天左右,应加强肥水管理,不要进行中耕,以促进球叶生长,配合浇水每亩追施氮钾复合肥25千克,同时叶面喷施0.3%磷酸二氢钾溶液2~3次,以提高产量和品质。叶球生长期要保持地面湿润,遇旱即浇。浇水要在晴天上午进行,水量可稍大一些,但不可大水漫灌。如果大棚内湿度过高,可通过放风降低湿度,上午温度上升后即可放风,一天中可采取"小—大—小"方式放风。甘蓝接近成熟时,停止浇水。

4.3 病虫害防治

大中棚三膜栽培早春甘蓝的整个生育期处于较低温度环境,不利于病虫害发生,只要管理得当,基本不会发生病虫危害,因此无需使用任何药剂进行预防,产品可以达到绿色蔬菜的标准。

5 采收

在甘蓝叶球大小定形、紧实度达到八九成时,根据市场需求,陆续采收上市,采收时要保留1~2轮外叶,以保护叶球免受机械损伤及病菌侵入。一般早熟甘蓝叶球长到0.6~1.3千克即可收获上市,在市场价格平稳,且甘蓝尚未裂球的情况下可适当晚一点上市。因为在适宜的温度和良好的管理条件下,单球质量每天可增加40~50克,有利于增加产量,提高产值。甘蓝叶球可进行隔株或者隔行采收,既可缓冲上市时间,又能使其余甘蓝充分生长,增加产量。

拱棚春甘蓝、茄子、秋菜花高产栽培技术

1 茬口安排

春甘蓝 11 月下旬开始在日光温室或育苗棚育苗,元月中下旬在拱棚内覆地膜定植,3 月初撤掉棚膜,4 月上旬开始采收;茄子 2 月上、中旬在日光温室或育苗棚育苗,甘蓝采收后覆盖棚膜,4 月下旬定植,6 月中、下旬开始采收,8 月上、中旬拉秧;秋菜花 7 月上、中旬采用遮阳网、防虫网育苗,8 月中、下旬定植,11 月上、中旬开始采收。

2 栽培技术要点

2.1 春甘蓝

2.1.1 育苗

春季生产主要以中甘 56、中甘 628 等品种为主。播种时先把苗床灌足底水,待水下渗后播种并及时覆土。播种以后,要加盖地膜保湿,直至苗出齐全部揭去。出苗前白天苗床温度控制在 25℃,夜间 10℃以上,苗出齐后开始通风,白天苗床温度控制在 15℃,夜间 5℃左右。当苗长到 2 叶 1 心时开始分苗,采用 50 孔育苗盘,并加盖小拱棚。在缓苗期内 4~5 天一般不通风,保持苗床温度 25℃左右。缓苗结束后,应开始逐渐放风,注意雪天阴天也要坚持通风,白天畦温保持在 15~20℃,夜间畦温保持在 8℃以上。特别是幼苗达到 5 片真叶以后,夜间温度不要过低,以免发生未熟先抽薹。定植前 10 天必须炼苗,温度控制在 5℃左右。

2.1.2 定植

元月上旬深翻土壤,每亩施入腐熟干鸡粪 500 千克、二铵 20 千克后做成

1.5米宽的畦。顺畦方向平盖地膜两边开沟后压实压紧,同时在垄沟处留灌水口。按宽25~30厘米和深8厘米开沟,把甘蓝幼苗定植在沟内,行距40厘米,株距33厘米。先栽幼苗,后盖地膜。

2.1.3 定植后管理

定植后立即浇水,水量不要太大,以浇到畦头为准。定植后的10天内为缓苗期,当棚内温度超过25℃时开始通风炼苗,莲座期中耕1~2次。缓苗后进行7天左右的蹲苗,再浇一次水,结合浇水,每亩施入15千克尿素,并进行第二次中耕,再蹲苗7天左右。3月上旬撤膜,撤膜前浇1次水,并在包心期结合浇水,追肥两次,包心期开始(即心叶开始向里翻卷)应停止蹲苗,增加灌水次数,每隔5~7天浇一次水,结合浇水每亩施入三元素复合肥20千克左右。

2.2 越夏茄子

2.2.1 培育壮苗

品种选用大牛心、小牛心、黑金刚等。播种前用0.1%高锰酸钾液浸种消毒15~30分钟,然后用清水清洗干净,再放入清水中浸泡6~8小时后捞出沥干,放在湿润纱布中包好,置于28~30℃温度下催芽。每天早晚各用清水清洗1次。当80%的种子出芽后即可播种。

选择50孔穴盘。播种后在育苗床上搭建塑料小拱棚,以利保温保湿。

2.2.2 施肥覆膜

甘蓝采收后及时进行翻耕、整地。结合整地每亩施腐熟农家肥5000千克、多元复合肥50千克,硫酸镁15千克,硫酸亚铁6千克,硫酸锌2千克、硫酸铜1.5千克、硼肥2千克,均匀撒施在田块内。然后再起畦,采取宽行密植半高垄栽培方式。即南北向垄,大行距100厘米,小行距80厘米,垄高15厘米,只在大行取土。畦面起好后,立即覆盖地膜和棚膜,升高地温和棚温。

2.2.3 定植

4月下旬,幼苗长出5~6片真叶时即可移栽。选择晴天进行定植,株距35~40厘米,亩栽2000~2200株。定植部位的地膜破口尽量小些,定植后破口要用泥土封好,这样有利于提高地温,促进茄子根系生长发育。定植后,要浇足定植水。

2.2.4 整枝吊蔓

5月下旬,当气温稳定在15℃时,拆除拱棚膜,并及时吊蔓。选择晴好天气进行,采用双杆整枝,并要及时抹除第1分杈以下的侧枝。生长中后期,必须及时摘除植株下部的老叶、黄叶和病叶。

2.2.5 水肥管理

茄子既不耐湿也不耐旱。定植后3天进行一次浅中耕,以提高地温,促缓苗。缓苗后至开花前一般不浇水,如干旱可浇一次小水。到门茄"瞪眼"期即可追肥浇水,每隔10天左右可以浇1次水,结合浇水追施腐熟沼液或亩施尿素10~15千克、硫酸钾10千克。茄子开花结果盛期,需肥量大,每采收1批果实后立即追肥1次,每亩施三元素复合肥10~15千克。

2.2.6 病虫害防治

越夏茄子的主要病虫害以黄萎病、蚜虫、红蜘蛛和茶黄螨等。黄萎病在发病初期可用50%多菌灵可湿性粉剂800倍液、50%甲基托布津可湿性粉剂500~800倍液进行防治。蚜虫、红蜘蛛和茶黄螨,可用40%乐果乳油1000倍液、或75%克螨特乳油1000倍液,7~10天喷1次,连续喷3~4次。

2.3 秋菜花

2.3.1 育苗

秋菜花品种分为松花和紧花类型,应选择适宜当地市场需求的品种。基质穴盘育苗,每穴播种1粒种子。早熟种5~6片真叶时定植,中晚熟种7~8片叶时定植。

2.3.2 定植

整地要深耕,并施足底肥。每亩用腐熟农家肥2000千克,磷肥20~25千克,硼肥2千克。定植前一天,每亩使用1包高巧+1包普力克兑水30斤,稀释蘸苗盘,把苗盘浸入药液中3~5分钟,然后提起苗盘适当控水。早、中熟种亩栽苗约3000株,晚熟种亩栽苗约2500株。定植宜躲过炎热天,最好在多云或晴天傍晚进行。

2.3.3 定植后管理

定植后 4~5 天浇缓苗水,随后结合中耕培土 2~3 次。保持土壤见干见湿,浇 2 次水后蹲苗,早、中熟品种蹲苗 7~10 天,晚熟品种 10~12 天。蹲苗结束后结合浇水,每亩追施尿素 10 千克。当花球直径 3~4 厘米时,结合浇水,每亩追施尿素 15 千克,钾肥 10 千克,中晚熟品种可增加 1 次追肥。当花球直径 8~10 厘米时,要束叶或折叶盖花,以保持花球洁白。秋延后栽培要根据天气变化及时扣棚覆膜或进行假植储藏。

2.3.4 病虫害防治

菜花在苗期和高温、高湿条件下易发生霜霉病,可喷施 75% 百菌清 600 倍液或 25% 瑞毒霉 800~1000 倍液防治。防治菜青虫、小菜蛾等,可用 5% 的抑太保乳油 2500 倍液,或 10% 的吡虫啉可湿性粉剂 1500 倍液,或 20% 杀灭菊脂或 2.5% 溴氰菊脂 3000 倍液,6~7 天喷 1 次,连喷 2~3 次。要注意避免使用高毒农药。

彩椒与乳瓜间套生态防病栽培技术

1 技术特征

彩椒与乳瓜间套是一种有效的生态防病技术,它可有效地控制乳瓜霜霉病和彩椒炭疽病的发生。其技术支撑重点为:彩椒和乳瓜间套后可形成多个生态平衡点,建立一个不利于植株发病,而有利于二者正常生长的生态环境。主要平衡点有以下三点:

1.1 光照平衡

彩椒是中等光照作物,忌强光,在高温季节应适当遮阴,防止日灼病发生。乳瓜较耐强光,叶片较大,可有效为彩椒遮阴,有利于彩椒生长发育,同时增加了乳瓜的光照,利于其生长。

1.2 湿度平衡

彩椒蒸腾量小,乳瓜蒸腾量大,而温室内部湿度主要来源于叶面蒸腾,所以二者间套可使温室内湿度适中,降低了病害发生。

1.3 病原菌平衡

彩椒和乳瓜主要病害不同,彼此间套,可以有效地阻断病原菌的传播。

2 品种选择

2.1 彩椒

宜选用耐热、坐果率高、耐储运的品种。适宜品种如太阳红、黄太极等。

2.2 乳瓜

宜选用耐热、抗病性强的品种。适宜品种如夏之光等。

3 整地定植

3.1 整地施肥

定植前每亩施入充分腐熟的优质有机肥 15 方、复合肥 60 千克,加福美双、百菌清各 1 千克深翻细耙整平。采用宽行密植定植方式,做 25 厘米高的垄,大行距 80 厘米,小行距 60 厘米,将 6 千克硫酸亚铁、3 千克硫酸铜、3 千克硫酸锌、1.5 千克硼肥掺土均匀后撒施于垄内,并在种植行内施入生物菌肥 75 千克。

3.2 定植方法

建议提前到专业化育苗工厂订苗。定植时使用生根剂确保移栽成活率。彩椒定植时间为 7 月 25 日左右,乳瓜晚定植 15~20 天,每垄载 2 行,一垄栽种乳瓜,一垄栽种彩椒,交替栽种。乳瓜株距 35 厘米,彩椒株距 40 厘米。定植完铺设两道滴灌设备,一道浇水,另一道施入沼液,注意促根控秧,可晚覆盖地膜。

4 栽培管理

4.1 温湿度管理

定植前期温度较高,应采用遮阳网控制温室内温度。缓苗期控制温室内温度 28~30℃、夜间 15~18℃;结果期白天 26~28℃、相对湿度 70%、夜间 15~18℃、相对湿度 75%。11 月至次年 3 月应采取增温、保温、补光措施,夜温过低会影响彩椒转色。主要措施:一是加厚草帘,也可采用保温被;二是晚上放下草帘后,在草帘上加盖薄膜;三是在温室内安装补光灯和反光膜。

4.2 施肥浇水

采用滴灌小水勤浇,定植水需浇足,一般滴灌 6~8 小时,3~4 天后灌溉缓苗水3小时,以后每次滴灌3小时左右。结果初期施入少量沼液,中后期适当增多沼液并每次随水施入10千克可溶性肥料。施入沼液时注意以下几点:一是沼液应是经过5~7天充分腐熟后才可使用;二是施入沼液时需兑水,兑水量为沼液的一半;三是不可使用经过火碱处理过的沼液,否则会出现烧苗现象。

4.3 植株调整

在乳瓜植株长到20~25厘米时吊蔓,吊蔓采用银灰色塑料吊绳,可有效驱避蚜虫。在第七节以后根据植株长势留瓜,长势旺的留2~3个瓜,长势弱的留1~2个瓜。当乳瓜植株龙头长到接近上方铁丝时,于晴天午后摘除下部老叶,注意植株保持14片叶,然后松开绑绳,落下蔓后再绑好,每次落蔓40~50厘米。彩椒采用双杆整枝,将多余的分枝留2片叶打头,中后期可根据长势留果打头,集中在过年前后上市,提高经济效益。为促进植株生长,需摘除门椒,及时吊蔓,防止折断枝干。

5 病虫防治

5.1 病害

采用该种栽培技术后,植株在整个生长过程中病害发生较少。9月份左右易发生连续阴雨天,温室内部地温较高、气温较低且相对湿度达到80%以上时,有利于乳瓜细菌性角斑病的侵入和流行。注意增强通风透光,合理浇水,定植前用硫黄粉熏棚灭菌。

5.2 虫害

主要防治白粉虱、蚜虫等,可在温室内蔬菜行间悬挂黄板,以高于蔬菜生长点20厘米为宜,并在定植前用40目防虫网密封温室通风口。虫害发生时连续施用两次烟熏剂,可有效防止虫害。

温室草莓、西瓜高效栽培技术

1　品种选择

温室栽培草莓应选用休眠期短、花芽分化对低温要求不严格,适合促成栽培的品种。例如红颜、章姬、丰香等。西瓜要选用早熟、高产、品质好,容易萌发再生新梢的品种。

2　生产效益与栽培模式

大棚草莓、西瓜栽培模式,亩年产值5~6万元,其中草莓亩产量1500千克,亩产值4~5万元左右,西瓜可收2500~3000千克,亩产值1~1.2万元。

大棚草莓、西瓜栽培模式的茬口安排:草莓种苗于8月底~9月初定植于温室,11月中旬开始采收,到4月底采收结束。西瓜于12月底~元月初育苗,2月中旬定植,5月中旬左右采收上市,6月初拉秧。

3　温室草莓的栽培要点

3.1　整地施肥

首先要进行土壤消毒,7月份土地空闲时,浇大水,用薄膜密封闷棚15~20天,以达到高温消毒的效果。8月中旬整地,亩施腐熟的鸡粪5000千克,三元复合肥50千克,配合适量毒死蜱均匀撒施于地表后旋耕。然后按畦宽80厘米,沟宽20厘米,沟深25~30厘米标准整地,并及时安装滴灌带。

3.2　适时定植

定植前一周给地表喷施施田补,减少苗期杂草。草莓在8月底~9月初定植,此时草莓已花芽分化,是最佳定植期。种苗随取随栽,每畦种两行,株距15~18厘米,亩定植7000~8000株。定植时老叶去掉,弓背向外,把握"深不埋心、浅不漏根"的原则。另外草莓属浅根系,定植后浇足定植水,开始蹲苗,少浇水,注意除草,适当遮阴。

3.3 肥水管理

第一次追肥在10月上中旬两片新叶展开以后,随水冲尿素5~8千克;第二次追肥在11月上旬顶花序顶果达到拇指大小时,亩追8~10千克复合肥;第三次追肥在11月下旬顶果开始采收时,亩追8~10千克复合肥;第四次追肥在12月顶花序果的采收盛期进行,亩追8~10千克复合肥,以后每隔15~20天追一次肥。追肥和灌水结合,施肥视生长和结果情况增加氮和钾用量,生长弱时重施氮肥,结果多时重施钾肥。

3.4 温湿度管理

10月底前后开始扣膜保温,并铺盖黑地膜,温度白天控制在25~28℃,不超过30℃;夜间12~15℃,不低于8℃,相对湿度控制在85%~90%。11月下旬草莓开始现蕾,要求较高温度,促进根系吸收养分,温度白天控制在24~30℃,夜间10~13℃为宜。开花期白天控制在22~25℃,夜间8~10℃,湿度控制在60%~70%。12月进入果实膨大期,白天控制在20~25℃,夜间6~8℃,当棚内夜间最低温度在5℃以下时,大棚内加搭小拱棚进行保温,湿度保持在60%~70%之间。

3.5 开花期辅助授粉

风口用60目防虫网封好,每棚1~2箱蜜蜂,要求一株草莓一只蜜蜂为宜。放蜂期控制棚温,20℃有利于蜜蜂活动,同时禁止施用农药。

3.6 疏花疏果

随时去除病叶老叶、匍匐茎、细弱的侧芽,每株草莓除主芽外,保留2~3个侧芽,每株留15~16片展开叶,每一花茎留1个顶果、6~7个侧果,去除果梗短、花小、果实不肥大或畸形花果。

3.7 病虫害防治

花前防治灰霉病、蚜虫和红蜘蛛;开花结果期注意防治白粉病、芽枯病和白粉虱。

4 西瓜栽培管理要点

4.1 嫁接育苗

元月初育苗,采用穴盘嫁接育苗技术。种子放在55℃热水中不断搅拌15分钟,并浸种4~6小时,然后在28~30℃温度条件下催芽,待种子露白后播种。白籽南瓜比西瓜提前3~5天播种,待露出地表后播种西瓜,西瓜长至两片子叶展平后就可嫁接。一般采用插接法嫁接,具体操作:首先喷湿基质。取出西瓜苗,用水洗净根部放入白瓷盘,湿布覆盖保湿。南瓜苗无须挖出,直接摆放在操作台上,用竹签彻底剔除其真叶和生长点,减少再次萌发。左手轻捏南瓜苗子叶节,右手持一根宽度与西瓜下胚轴粗细相近、前端削尖略扁的光滑竹签,紧贴南瓜一片子叶基部内侧向另一片子叶下方斜插,深度0.5~0.8厘米,竹签尖端在子叶节下0.3~0.5厘米出现,插入迅速准确,竹签暂不拔出。然后将西瓜2片子叶合拢捏住,夹住根部,用刀片在子叶节以下0.5厘米处呈30°角向前斜切,切口长度0.5~0.8厘米,接着从背面再切一刀,角度小于前者,以划破胚轴表皮、切除根部为目的。拔出南瓜上的竹签,将削好的接穗插入南瓜小孔中,使两者密接。砧穗子叶伸展方向呈十字形,利于见光。插入接穗后用手稍晃动,以感觉比较紧实、不晃动为宜。苗龄35~45天。

4.2 适期定植

2月中下旬定植,西瓜苗定植在草莓畦的中间,每畦种1行,株距40厘米左右,每亩种1500~1800株。定植后扣严大棚膜,提高棚温,以利缓苗。

4.3 肥水管理

定植水浇足后,至幼瓜长到鸡蛋大小时追一次膨瓜肥,结合沟灌浅水每亩施25千克硫酸钾肥;根据植株的生长情况,适当喷施磷酸二氢钾、复合微肥、碧护等叶面肥。果实成熟前 10 天左右,停止肥水供给,以防止裂瓜,提高品质。

4.4　温湿度管理

定植后 5 天内大棚一般不通风,以促缓苗,白天温度可保持在 25~30℃,夜间不低于 15℃。1 周后当晴天午后棚温超过 35℃时,前期可开门通风降温,后期气温继续升高,则可开启上通风口通风降温。果实发育后期,进入糖分转化阶段,外界气温已经上升,在夜晚也要进行适当通风,增大日夜温差,以利于果实糖分积累。

4.5　整枝留瓜

进行双蔓整枝,疏除其他的侧蔓。当植株有 4~5 片真叶时吊蔓。在瓜蔓具有 14~15 片叶片时留瓜,每株留 1 个瓜。在选留的雌花开花时,于上午 9 时左右,采摘当天开放的雄花进行授粉。授粉后 3 天检查幼瓜是否坐住,未坐住的,再选其以上的雌花授粉。坐瓜后疏除其它的花果和侧枝,保留每株 35 张叶片左右再打顶。当幼瓜长到拳头大小时套袋吊瓜。

4.6　采收

5 月中下旬西瓜成熟即可采收,6 月中旬拉秧。

日光温室番茄、甜瓜高效栽培技术

1 种植茬口安排

番茄:9月15日~25日播种育苗,苗龄30~35天,10月25日左右定植,次年2月开始采收。

甜瓜:薄皮类型3月初~3月底播种育苗,厚皮类型3月中下旬播种育苗,苗龄30天左右。薄皮类型4月初~4月底定植,6月中旬~7月初上市;厚皮类型4月中下旬~5月初定植,7月10日左右上市。

甜瓜苗可于番茄生长后期套种在番茄植株中间,进行硬茬定植,一膜两熟,降低生产成本。套种期一般1个月比较适宜。

2 栽培管理技术

(1)番茄

①品种选择

要选择耐低温弱光、优质、高产、耐贮运、商品性好、抗多种病害、抗逆性好、连续坐果能力强、叶量中等、适合市场需求的品种;大果类型可选用普罗旺斯、德贝利、园艺504、贝福利等品种,樱桃番茄可选用粉贝贝、格格、粉佳、粉佳2号、粉圣等品种。

②栽培土壤肥力要求

要求日光温室的土壤应达到中等肥力水平,即有机质2.0%以上、碱解氮80~100毫克/千克、有效磷200~300毫克/千克、有效钾150~220毫克/千克。

③播种育苗

育苗设施及基质:使用大棚来进行育苗,并配备防虫网和遮阳网,采用基质穴盘育苗方式,并对育苗穴盘及设施进行消毒处理,创造适合秧苗生长发育的环境条件。选用市场销售的育苗基质,国产或进口基质均可。

种子消毒处理及催芽:

针对当地的主要病害选用下述消毒方法。

A. 温汤浸种:把种子放入 55℃ 热水中,维持水温恒定,浸泡 15 分钟。主要预防叶霉病、溃疡病、早疫病。

B. 磷酸三钠浸种:先用清水浸种 3~4 小时,再放入 10% 磷酸三钠溶液中,浸泡 20 分钟,捞出洗净。主要预防病毒病。

C. 氯溴异氰尿酸:先用清水浸种 3~4 小时,再放入 50% 氯溴异氰尿酸 500 ppm 溶液中浸泡 20 分钟,捞出洗净。可杀死种子表面和内部的真菌、细菌和病毒。

消毒后的种子浸泡 6~8 小时后捞出洗净,置于 25℃ 催芽。

播种:当催芽种子 70% 以上破嘴(露白)即可播种,采用 50 孔穴盘进行育苗。播种前需要对育苗基质进行杀菌,即加入适量的杀菌剂(每方基质加入 50 克百菌清或多菌灵),拌匀浇水直至基质含水量为最大持水量的 55%~65%,即手握后有水印且无滴水即可。

装盘:将配好的基质装入穴盘中,使每个孔穴都装满基质,并用木板刮平。

压穴:用压穴板压穴 0.8~1.0 厘米深度。

每平方米苗床再用 50% 多菌灵可湿性粉剂 8 克,拌上细土均匀薄撒于床面上,预防猝倒病;并用杀虫剂拌上毒饵撒于苗床的四周外围,防止害虫危害种子及幼苗。床面覆盖遮阳网,70% 幼苗顶土时撤除床面覆盖物。

苗期管理

温度:夏秋育苗苗期温度高,主要靠遮阳和叶面喷水进行降温。

光照:育苗大棚外架设遮阳网,进行遮光降温。

水分:早晚喷水,进行补水及降温。

肥水:苗期以控水控肥为主。子叶展开至 2 叶 1 心期,基质水分含量 65%~70%,3 叶 1 心至成苗,基质水分含量为 60%~65%。在秧苗 3 叶~4 叶时,可结合苗情追提苗肥。禁止使用任何调节剂控制幼苗生长,这对后期开花、坐果有影响。炼苗:逐渐撤去遮阳网,适当控制水分,或者育苗中期挪动一次育苗盘。

④定植前准备

棚室消毒:7月~8月利用日光温室休闲季节,进行棚内土壤太阳能消毒处理。按照三步法实施:第一步地表消毒杀菌,清棚(作物残体、杂草)后先闷棚7天左右,杀灭地表的病菌及虫卵;第二步干闷,施入有机肥,每亩基施猪粪、鸡粪、牛粪等(半腐熟或腐熟)农家肥每亩7~10方,深翻25厘米~30厘米后闷棚7天左右;第三步湿闷,南北向起垄分块(间隔3米左右),浇大水,然后东西向覆盖较薄的透明塑料薄膜,闷棚15天左右(15天以上的晴热天气)。

闷棚前:加入以腐熟粪肥为主的生物菌剂,如酵母菌、乳酸菌、嗜热菌等。

闷棚后:加入以防病为主的生物菌剂,如枯草芽孢杆菌、荧光假单胞菌、地衣芽孢杆菌、解淀粉芽孢杆菌、木霉菌、放线菌等。

整地:按照2.0米一沟一垄方式做成半高垄,南北向,垄宽40厘米,垄高20厘米,沟宽160厘米。

基肥:在上述有机肥的基础上,在做好的垄上每亩条施生物有机肥300千克,三元复合肥50千克,硫酸镁10~15千克,微生物菌剂1~2千克,根据上茬作物表现,施用硼砂、硫酸亚铁、硫酸锌或硫酸钼,每亩使用量1~1.5千克。

⑤定植

定植前一天,用25%嘧菌酯悬浮剂20毫升+62.5克/升精甲·咯菌腈悬浮剂20毫升+25%噻虫嗪水分散粒剂10毫升+50毫升益施帮,兑水稀释200~300倍,把苗盘浸入药液中3~5分钟,取出后苗盘适当控水。

采用大行距密植半高垄栽培方式,每亩定植大果番茄2600株,樱桃番茄1900株。每垄定植2行,大番茄株行距25厘米×40厘米,樱桃番茄株行距35厘米×40厘米,缓苗后覆盖银灰色地膜。

⑥田间管理

温度:缓苗期白天维持在25~28℃,夜间17~20℃。缓苗后到结果前,白天22~26℃,夜间15~18℃;结果期白天20~25℃,夜间13~15℃。

光照:采用透光性好的PO膜,保持膜面清洁,不论天气好坏,棉被早揭晚盖。

湿度:缓苗期土壤湿度70%~80%、开花结果期60%~70%。可通过地膜覆盖、膜下滴灌或暗灌、通风排湿、温度调控以及操作行铺设秸秆覆盖等措施进行空气湿度调节。

肥水管理:采用肥水一体化栽培管理技术,按照番茄不同生育阶段的需肥量,进行膜下滴灌或暗灌。定植后及时浇透水,可随水冲施"地蛆线虫一冲净"每亩1千克,3~5天后再浇缓苗水。第二水带菌肥。缓过苗后,要适当控制水分,视土壤墒情和天气,20~30天不浇水。以后观察叶片,下午1点叶片萎蔫时,浇一次水。立冬以后尽量少浇水,小雪前浇一次小水,以后停止浇水,待气候转暖后再根据植株长势和土壤墒情决定浇水时间及浇水量。追肥掌握"薄肥勤施"的原则,随水追施,结果前期以平衡肥为主,结果中后期应使用高钾水溶肥2次,每次每亩追施5~7千克,整个生育期追肥7~11次。在果实膨大期,可以用"0.3%尿素+0.5%的磷酸二氢钾"进行叶面追肥。中后期,浇一次清水,浇一次肥水,交替进行。

整枝:大果番茄采取单杆整枝,樱桃番茄采用双杆整枝。

摘心、打杈和摘除底叶:大番茄留6穗果后摘心,樱桃番茄每杆留5穗果后摘心。当最上层目标果穗开花时,留2片叶摘心,保留其上的侧枝。第一穗果达到绿熟期后,及时摘除枯黄有病斑的叶子和老叶。

保果疏果:樱桃番茄摘除过长的穗稍,确保商品率;大番茄应适当疏果。第一穗预留5个果,疏果后留果3个,第二穗果留4个,再往上每穗留果4~5个。切忌第一二穗留果过多。可使用防落素、番茄灵、花蕾宝等植物生长调节剂处理花穗。在灰霉病多发地区,应在溶液中加入腐霉利等药剂防病。建议采用熊蜂授粉,按照NY/T 3045~2016技术规程进行。

铺放秸秆保温降湿:进入11月中旬,外界夜温低于16℃,操作行(人行道)铺放粉碎秸秆,放入前根据数量添加有机物料腐熟剂,然后覆盖薄膜。

⑦病虫害防治

主要病害有:病毒病、灰霉病、晚疫病、叶霉病、早疫病、青枯病、枯萎病、溃疡病。

主要虫害有:蚜虫、白粉虱、烟粉虱、蓟马、潜叶蝇、茶黄螨、棉铃虫。

A.农业防治

首先选择适宜的高抗多抗品种。其次创造适宜的生长发育环境条件:培育适龄壮苗,提高植株抗逆性;控制好空气湿度、适宜的肥水和充足的光照,通过放风和辅助加温,调节不同生育时期的番茄生长发育适宜温度;深沟高畦,严防积水,清洁田园。耕作改制:有条件的地区应实行水旱轮作。严格轮作制度,与非茄科作物轮作3年以上。科学施肥:测土平衡配方施肥,增施充分腐熟的有机肥,减施化肥。

B. 物理防治

利用黄板和蓝板诱杀害虫。每亩悬挂黄色粘虫板(25厘米×30厘米)50块、蓝板10块左右。设施防护:日光温室的风口和出入口使用防虫网,严冬季节出入口内外悬挂棉被,温室内上风口和出入口处用薄膜设置冷空气缓冲带。

C. 生物防治

天敌:利用天敌,防治虫害。

生物药剂:采用植物源农药如藜芦碱、苦参碱、印楝素等和生物源农药如阿维菌素、新植霉素等生物农药防治病虫害。

D. 化学防治

使用药剂应符合GB4285、GB/T8321的要求。各种常见病虫害的预防化学药剂名称、使用方法和安全间隔期。推荐使用高内吸性药剂,随水进行根部用药,进行肥—水—药一体化栽培管理。

⑧采收

番茄果实达到生理成熟时及时采收,减轻植株负担。

(2) 甜瓜

①品种选择

薄皮类型选用绿宝、羊角蜜等中熟品种,要求从定植到采收65天左右;厚皮类型可选用农大甜5号、西州蜜25等品种,要求授粉后45~50天成熟。

②播种育苗

种子处理:播种前选择晴天晒种2天,再温汤浸种,在28~30℃下催芽,当80%种子露白时播种。

采用穴盘基质育苗,苗床铺设地热线,功率为每平方米80~100瓦,基质经预湿后,装入40孔穴盘,将穴盘整齐排放在地热线上。选晴天上午播种,每穴压直径和深度均为1.5厘米的孔,播露白种子1粒,种子平放,芽尖朝下,播后覆盖基质压实刮平,再次喷水后覆盖地膜保温保湿。

苗床管理:出苗前白天温度保持 25~30℃,夜间温度保持 18~20℃为宜。夜间温度低于15℃,晚上开通地热线加温,使最低地温保持在16℃以上。幼苗顶土时取除地膜,出苗后适当降低温度,防止出现高脚苗,白天温度控制 22~25℃,夜间 15~17℃。定植前一周,逐渐加大通风,降低温度,白天温度控制在 20~25℃,夜间温度由15℃逐步降至9℃,进行大温差炼苗。

③定植

甜瓜成苗后,在番茄栽植行内、每两株番茄植株中间挖窝硬茬定植甜瓜。甜瓜的定植深度以覆土刚好埋没基质块为宜。甜瓜的密度与普通番茄相同,为每亩2200~2400株。

④田间管理

A.温湿度管理

缓苗期:甜瓜定植后1周左右为缓苗期,保温被要晚揭早盖,保持高湿度、较高温度促进尽快缓苗,白天温度保持在 26~30℃,夜间不低于13℃。

伸蔓期:缓苗后,开始通风排湿降温,防止徒长,白天温度维持在 25~28℃,夜间 13~17℃。中午温度超过30℃时,适当通风降温,温度低于25℃时关闭风口。

开花坐果期:白天温度保持 25~30℃,夜间 15~18℃。高于35℃和低于15℃会影响正常坐果,管理时要严格掌握。

果实发育期:果实发育时需要较高温度,同时大温差管理便于光合产物积累。白天管理温度 27~35℃,超过35℃通风,夜间 13~18℃。果实成熟期,白天管理温度 28~30℃,夜间不低于15℃。

B.肥水管理

灌水:定植缓苗后,选择晴天浇一次缓苗水。缓苗后至伸蔓期,控水、保墒、蹲苗,促根防徒长。伸蔓期生长加快,需水量增加,选择晴好天气灌1次伸蔓水。开花坐果期保持土壤湿润,促进坐果。果实膨大期需水量大,增加灌水次数,增大灌水量,促进果实充分膨大。膨大后期,控制灌水。采收前10天停止灌水。

施肥:伸蔓期若瓜秧长势不强,可随水追施少量尿素和硫酸钾。膨果期追肥2次,第一次在坐住果(幼瓜乒乓球大小),每亩随水冲施尿素20~25千克、硫酸钾15~20千克。20天后进行第二次追肥,结合灌水每亩追施尿素15千克、硫酸钾15千克。

C.吊蔓留瓜

每株瓜蔓绑一条吊蔓绳,上端绑在钢丝上,下端用吊蔓夹固定瓜蔓茎基部,将不断生长伸长的瓜蔓缠绕在吊绳上。

甜瓜与番茄套种,适宜生长期有限,甜瓜一般选用子蔓结瓜品种,薄皮类型一般留瓜4~5个,厚皮类型预留瓜3个,最终选留1个瓜。薄皮类型摘除主蔓上11片叶子以下的子蔓,在第12片叶~第17叶之间留子蔓,选择5个生长健壮、瓜胎肥大发育良好的子蔓坐瓜,坐果后子蔓瓜前留1叶摘心。厚皮类型也在12叶以上留瓜。留瓜数量达到后,以后再开放的雌花及时摘除。

D.人工授粉或激素保果

甜瓜为雌雄同株异花作物,虫媒传粉。日光栽培早春甜瓜,处于密闭环境且温度较低,花期传粉昆虫较少,必须借助人工授粉才能保证坐果和促进果实充分发育。一般在甜瓜花期早晨8~11时,即花开放后2小时内花粉生活力最高时,摘下开放的雄花,去掉花冠,露出雄蕊,再用雄蕊在要坐果的发育良好的雌花柱头上轻轻涂抹,让花粉充分散落在整个柱头表面。一般一朵雄花可授2~3朵雌花。授粉后标记日期,作为以果实发育天数确定成熟采收期的依据。

也可以使用氯吡脲进行保果,严格按照使用剂量进行使用,在使用时加入适乐时(咯菌腈)预防真菌病害。

E.网纹甜瓜上纹

在网纹甜瓜授粉后,生长发育很快,一般15天就接近商品大小,此后生长放缓,是网纹形成的关键时期。要通过加大昼夜温差,降低湿度,促进网纹形成。生产中可通过昼夜打开上下通风口,减少浇水量的田间管理办法实现。

⑤适时采收

根据标记的授粉日期,当甜瓜果实达到本品种的成熟果实发育天数后,在观察果实,如果瓜充分膨大,表现出本品种固有色泽,并有浓郁的甜香气味时,说明瓜已经充分成熟。短距离运输就近销售时,充分成熟前1~2天采收;长距离运输需要较长时间销售时,充分成熟前3~5天采收。

⑥病虫防治

甜瓜的主要病虫害有:病毒病、枯萎病、霜霉病、白粉病、蚜虫、白粉虱、茶黄螨。

农业防治、物理防治和生物防治措施同前述番茄。

根据实践经验,在化学防治中做到"四对",即选对药剂、配对浓度、喷对时间、用对方法。选择高效低毒低残留农药。低温寡照天气,首先选择烟雾剂。严格按照混用原则、使用浓度、配制规范配制药剂。防治时机要抓主一个"早"字,病虫害初发立即防治效果明显。使用时间:水剂在上午露水干后11时以前或下午高温过后4时以后喷施,烟雾剂在晚上8时以后燃放。喷药要叶面叶背都喷到,也可加入展着剂,提高用药效果。

温室辣椒长季节绿色高效栽培技术

1 温室辣椒长季节绿色高效栽培技术

1.1 技术概况

温室辣椒长季节绿色高效栽培过程中,推广应用高温闷棚、带药移栽、辣椒三杆整枝吊蔓栽培技术、水肥一体化技术,臭氧杀菌技术以及物理与化学防治相结合的病虫害综合防治技术,重点推广以菌治菌技术、宽行密植半高垄栽培技术,采用晚铺地膜、冬季铺秸秆等措施,从而控制辣椒生长过程中化肥超量、农药过量,保障辣椒生产安全、农产品质量安全和农业生态环境安全,促进菜农增收。

1.2 技术效果

优良品种+高温闷棚+以菌治菌技术+臭氧杀菌技术+宽行密植半高垄栽培技术+辣椒三杆整枝吊蔓技术等,结合晚铺地膜、冬季操作行铺秸秆,以及物理+高效低毒低残留农药防病虫等绿色综合防控技术,可使辣椒亩产达到1.5万千克以上,农药施用量减少40%左右,减少投入和用工成本30%,农产品合格率达100%。

1.3 技术路线

选用高产、优质、抗病品种,螺丝椒品种如华美105、雄霸天下,牛角椒品种如海瑞丰、东方正美等。

高温闷棚技术:是指在7~8月份,将温室密闭,利用晴好天气产生的高温杀死病菌和害虫。高温闷棚采用干闷和湿闷相结合的办法。干闷即关闭通风口并检查修补好棚膜破损后封严,进行高温闷棚,中午棚温可超过60度,并维持7~10天左右；干闷结束后进行湿闷,深翻土壤25~30厘米,大水漫灌,覆盖地膜,维持大约10天左右。有条件的还可在翻地时挖沟,沟施麦糠或麦秸。

以菌治菌技术:采用腐熟剂处理鸡粪,消除臭味和杂菌、虫卵等,提高有机肥综合利用率;定植时施入沃柯微生物菌剂,提高作物抗逆性,提高肥料的利用率,恢复土壤生态平衡,减轻环境污染。

水肥一体化技术:又称灌溉施肥一体化,借助压力灌溉系统,将肥料配兑成肥液输送到作物根部土壤,适时适量地满足作物对水分和养分的需求的一种现代农业新技术。因辣椒生物学、植物学特性,既不耐旱又不耐涝,因此用滴灌最合适,促高产。

绿色防控技术:下风口和上风口安装防虫网,每亩悬挂黄色粘虫板40张,利用害虫天敌以及植物源农药等物理+定期高效低毒低残留熏蒸预防病虫害的综合技术。

辣椒三杆整枝吊蔓栽培技术:在植株上方距地面2米处沿垄的方向按行分别拉一道10号铁丝。定植20多天后开始吊蔓,每株应吊3个绳,用尼龙绳(下端系一尺长左右塑料绳缠绕于植株上)吊蔓,两个头绑在本行铁丝上,另一个头绑在同垄另一行铁丝上,"S"形吊蔓,如此类推。

1.4 具体操作要点

在蔬菜基地采用重施有机肥、宽行密植半高垄栽培、带药移栽、辣椒三杆整枝吊蔓栽培技术,配套以菌治菌、臭氧杀菌、水肥一体化、物理和化学综合防治等技术措施,创造辣椒生长的适宜环境,提高辣椒的丰产能力,增强其对病、虫、草害的抵抗力,控制、避免、减轻辣椒病虫害的发生和蔓延。

1.4.1 品种选择

温室辣椒长季节绿色栽培技术从当年7月下旬播种一直延续到翌年6月下旬,其生长前、后期温度高、光照强,中期温度低、光照差,所选品种要既耐低温、弱光又耐高温、强光,抗病性、抗逆性较强。

1.4.2 基质穴盘育苗

(1)育苗时间

7月上旬。

(2) 种子处理

播种前晒种 2~3 天,用 55℃ 温水烫种 15 分钟,同时不断搅动,然后将种子移入 1000 倍的高锰酸钾或 10% 的磷酸三钠中浸泡 30 分钟后清洗干净,再转入 25~33℃ 温水中浸泡 7~8 小时后,洗去表皮黏液,沥干水催芽。也可以直接用消毒后种子播种。

(3) 基质处理

将基质用水拌湿,手捏见水而不下滴为度,可每袋基质加入三元复合肥 0.4 千克 + 50% 多菌灵可湿性粉剂 20 克,搅拌均匀,然后装盘刮平,利用穴盘底部均匀下压成 0.8 厘米左右的播种穴备用。加肥时要用水将肥料化开,以免烧苗。

(4) 播种及苗期管理

将催好芽的种子每穴 1 粒播种在装好基质的穴盘内,然后覆营养土,然后刮平压实,洒透水,播后用覆盖料覆盖播种穴。每平方米苗床再用 50% 多菌灵可湿性粉剂 8 克,拌上细土均匀薄撒于床面上,预防猝倒病;并用杀虫剂拌上毒饵撒于苗床的四周外围,防止害虫危害种子及幼苗。床面覆盖遮阳网,70% 幼苗顶土时撤除床面覆盖物。

1.4.3 定植

(1) 选棚及高温闷棚

连作是导致辣椒病害发生的重要原因,因此辣椒忌连作,也不能与茄子、番茄、马铃薯、烟草等同科作物连作。大棚选好后及时清除前茬的枯枝烂叶及杂草,利用夏季休闲期进行高温闷棚。结合高温闷棚每亩施腐熟有机肥 10 000 千克以上。

有机肥处理办法:按 1 方有机肥需 70~100 克功倍有机物料腐熟剂的比例,兑水 50~100 倍分层泼洒鸡粪;堆积高 1~2 米,宽 2 米,长度不限,覆盖薄膜;在气温 20℃ 以上,保持水分 60% 左右,每隔一周倒翻 1 次,放置 4 周以上。

(2) 定植前

定植前结合整地亩施腐熟饼肥 150 千克,沃柯微生物菌剂 2 千克,磷酸二铵 30 千克。定植前 3 天至一周,按照操作行 90 厘米,栽培行 60 厘米起垄,垄高 15 厘米,将所施的全部肥料集中在 60 厘米的栽培行,并将栽培行下挖 20 厘米,北头 20 厘米南头 25 厘米,方便浇水冲肥。

小苗定植前 3 天晚上熏蒸一次哒螨异丙威烟雾剂 200 克,定植前一天晚上熏蒸一次百菌清烟雾剂 400 克。

(3)带药移栽

8 月中下旬左右定植。定植前一天,可用阿米西达 20 毫升+亮盾 20 毫升+锐胜 10 毫升+50 毫升益施帮,兑水稀释 200~300 倍或使用 1 包高巧+1 包普力克兑水 15 千克,把苗盘浸入药液中 3~5 分钟,然后提起苗盘适当控水,既能预防蚜虫、白粉虱,减少病毒病的发生,又能预防苗期病害和土传病害,促进根系生长,使苗齐、苗壮,缓苗快。

定植前 2 天需将棚内灌满水,降低地温,待水下渗后开始定植或选阴天上午 9 时前、下午 5 时后定植,垄顶开穴,然后栽苗覆土,将辣椒苗定植在栽培行内壁从上到下约 5 厘米处,株距 35~40 厘米,浇足水分。每亩 1800~2500 株左右。

1.4.4 定植后管理

(1)水肥管理

定植完当天大水漫灌,全部将地面湿透,不能有干土出现,并将上下风口全部打开。以后全部浇小水,苗期不施肥,盛果期浇小水施高钾肥。花果初期,结合灌水每亩追施好多鱼 15 千克,田间持水量保持在 60%;结果盛期,每亩追施翠姆高钾特种肥 5 千克。

(2)温度管理

前期日温保持在 25~30℃,夜温 15~18℃,田间持水量保持在 50%~60%。花果期日温保持在 20~25℃,夜温 13~18℃,最低夜温保持在 8℃以上。10 月中旬开始铺设地膜。进入 11 月中旬,外面夜温低于 16℃,操作行(人行道)铺设粉碎秸秆。加强棚内温度、湿度的调控,夜温以 14~18℃为宜,早上以 14℃为宜,白天棚内温度在 26~28℃为宜。整个冬季除雨、雪、大风天气,每天通风至少 3 次,即早晨揭开保温被后、中午 12 点左右和下午 4~5 点。有条件的可以采用补光灯技术,常用补光灯补光面积 10 ㎡左右,"S"分布,补光时间长短根据天气而定。春季当外界地温上升到15℃时,应揭去草帘昼夜通风。进入4~5月份,温度升高不利用开花坐果,可采用遮阳网或者撒泥浆降低棚内温度。

(3)田间管理

根据辣椒品种生长的特点,采用温室辣椒三杆整枝绑蔓吊绳的方式来固定茎秆。辣椒第一个果摘掉不留,并及时进行整枝打杈。整枝打杈应放在晴天上午进行。第一次整枝应在第二茬果采收后,即元月底至2月初,应及时剪掉结果后的老枝、弱枝,使肥力集中于3个大枝继续生长。所长新枝结果多,结果大。以后整枝时间和方法,类同第一次,均在果实采摘后,剪掉过密徒长枝、弱枝、副侧枝、空果枝或者病虫害严重枝,摘除老叶、病叶,并及时疏花疏果。

1.4.5 病虫害防治

辣椒病害有病毒病、疫病、炭疽病、灰霉病、叶斑病等,虫害有蚜虫、白粉虱等。辣椒病害可采用臭氧杀菌技术,在温室侧墙外固定臭氧机,放气管水平置于温室中间,离地1.5米左右,东西横贯,使气体从作物顶端均匀扩散,每天晚上每亩温室施放浓度为1.5×10^6 ppm臭氧30分钟左右。若植株已发病,可施放浓度2.5×10^6 ppm臭氧40~50分钟。蚜虫、烟粉虱等每亩可选用12%哒螨异丙威烟雾剂200克熏蒸,每7~10天使用一次,连续使用2次。辣椒疫病、炭疽病、灰霉病等真菌性也可用45%百菌清烟雾剂1千克熏蒸,每7~10天使用一次,连熏2~3次。遇阴雨天多熏蒸一次杀菌剂。辣椒叶斑病等细菌性病害可用医用链霉素5000倍液喷雾,10~15天防治一次,视情况防治约3次。病毒病可在30千克水中加5支医用利巴韦林(病毒唑)+1%芸苔素内酯5克(先用55~60℃水溶解),混匀后喷施,7~10天一次,连续2~3次。

泾阳大棚秋延后螺丝椒丰产栽培技术

1 品种选择

品种选择是辣椒秋延后栽培的关键,要选用适宜北方地区大棚秋延后栽培的品种,要求品种前期耐热、后期耐寒,且抗病性强,前、中期挂果集中,果实膨大速度快,果实较大,青果绿色、基部皱皮,红熟速度慢,上下果形一致,质脆、辣味浓、口感好,商品性及丰产性一流。可选用安徽萧县双甲良种股份有限公司经销的品种:巨龙、华美105、陕甘螺丝王、优秀、真美等。

2 培育壮苗

陕西泾阳大棚秋延后辣椒播种育苗适期为7月上中旬。播种过早,苗期的高温多雨气候,幼苗易徒长,病害重;播种过晚,适宜果实生长的时间短,产量低,品质不佳。

种子要进行温烫浸种,主要预防叶霉病、溃疡病、早疫病;或者用清水浸种3~4小时,再浸入10%的磷酸三钠溶液中15分钟,主要预防病毒病;种子处理后用清水冲洗干净,再浸种7~8小时,捞出后控去种子上多余水分,湿籽播种。

采用50孔穴盘育苗。播种前需要对育苗基质进行预处理,根据基质用量,加入适量的杀菌剂(多菌灵或百菌清,每袋50升基质加入5克杀菌剂),拌匀浇水直至手握成团但无滴水即可。

装盘:将配好的基质装进穴盘中,使每个孔穴都装满基质,并用木板刮平。

压穴:用自制压穴板压穴至0.8~1.0厘米深度。

将种子播于压好的孔穴中,每穴1粒,播后用潮湿的覆盖料或基质覆盖播种穴,用木板刮去多余覆盖料后,将育苗盘摆放到育苗床中。播种完成后,用喷雾器给苗盘补足水分,床面覆盖遮阳网,待70%幼苗顶土时去掉。出苗期间要注意早晚洒水,保持基质一定的湿度。

整个育苗期要注意调节温、湿度,并要保证光照充足,防止徒长。夏季气温高,中午进行遮阳,早晚洒水降温。如出现轻微徒长,可以在育苗中期挪动育苗盘1~2次。

定植前适当控水炼苗,幼苗要达到壮苗标准:幼苗叶色浓绿,茎秆粗壮,叶片肥厚,节间短,生长势强,幼苗高12~16厘米,6~8片真叶,无病虫危害,大小基本一致,苗龄约为30天左右。

3 棚室土壤消毒

7~8月,利用大棚休闲季节,进行棚室土壤太阳能+药剂消毒处理。太阳能土壤+药剂消毒处理是指在高温休闲季节,封闭大棚4~6周,辅助以杀菌药剂,通过人为创造的高温条件,以杀死引起土传病害的病原菌。技术要点:深翻土壤,起垄分块,浇大水,随水冲施熏线净或威百亩,然后覆盖较薄的透明塑料薄膜,建议厚度为25~30微米。

4 整地定植

定植前每亩施入充分腐熟的有机肥5方,佳禾家旺有机肥120千克,优选16菌75千克,旋耕后整成半高垄,垄宽80厘米,高15厘米,沟宽40厘米。

8月中旬定植,幼苗直接定植于覆盖有塑料薄膜的大棚中,切忌定植老化苗、弱苗、徒长苗和病苗。单株定植,行距60厘米,株距35厘米辣椒苗定植不宜过深,深度以刚掩埋苗坨为准。定植后浇足定根水。

5 定植后管理

5.1 水肥管理

重施基肥,水肥一体化管理,少量多次追施菌肥和腐殖酸肥料,是秋延后辣椒施肥的关键措施。定植后浇足定根水,随水每亩冲施地蛆线虫一冲净1

千克,预防地下害虫;若天气晴好,可于定植后 3 天随浇缓苗水冲施碳基复合微生物肥 2 千克,定植后第 5 天浇大水降温,第 12 天随浇水再次冲施碳基复合微生物肥 2 千克。缓苗后可适当蹲苗,进行中耕,促进根系向纵深伸展,保证植株根深叶茂。中耕过后覆盖银灰色地膜,目的是为了避蚜、保墒和降低空气湿度。开花前水肥不宜过多,否则容易引起植株徒长,出现落花落果现象,降低坐果率。当对椒果实直径达到 1 厘米大小时,要及时结合浇水进行追肥,随水每次每亩冲施佳禾家旺 2 千克。进入盛果期,为防止植株早衰,要加强水肥管理。盛果期每 8 天冲施 1 次佳禾家旺,每亩冲施 3 千克。结果后期继续加强水肥管理,可促进植株多结果,增加产量。追肥可与浇水交替进行,浇 1 次清水后,再结合浇水追肥 1 次。结果期间根外追肥 2~3 次,可用 0.5% 尿素加 0.2%~0.3% 磷酸二氢钾进行叶面追肥,能提高结果数量,提升果实品质。当夜间棚外气温降至 12℃ 以下时,停止浇水施肥。

5.2 温度管理

夏季炎热,光照强,定植前大棚顶部要架设遮阳网。定植后,外界气温依然很高,棚下部四周通风口要昼夜保持开放状态。辣椒最适生长温度白天为 24~28℃,夜间 15~18℃,低于 10℃ 生长停滞,低于 5℃ 受冻。当外界最高气温降至 28℃ 以下时,去掉遮阳网。随着外界气温降低,当夜间棚内气温降至 15℃ 以下时,辣椒生长缓慢,果实膨大也减缓,夜间应将两边风口棚膜和棚门盖严。在外界最低气温降至 5℃ 时,大棚内要搭建小拱棚保温;当外界气温降至 0℃ 时,在小拱棚内植株上加盖薄膜,形成三膜覆盖,进行防寒保温,以免冻坏植株和果实。在晴天中午棚内温度超过 25℃ 时应及时放风。

5.3 植株调整

大棚辣椒植株一般生长旺盛,株型高大,枝条容易折断,为便于通风透光和后期覆盖防寒作业,可在畦垄外侧用塑料绳水平固定植株,防止植株倒伏。及时摘除门椒,根据植株长势,适时全部摘除门椒以下的侧枝,并适当清除弱枝,以节省养分,有利通风透光。当辣椒坐果 10 个以上后,可进行打顶,必要时疏掉上层小果,利于形成均一的大果,以提高商品性。

6 采收

对椒及以上的果实在果实充分长大、果肉变硬、果色变深时采收。植株生长势较弱时,门椒要及早去除。在采收初期市场价格较低,建议只采收1~2次下层充分成熟的果实。依据气候条件和市场行情,尽可能延迟采收,以活体保鲜的方式供应元旦市场,可获得更大的经济效益。由于辣椒枝条较脆嫩,采摘时不要用手猛揪,以免枝条折断,应用手将果实轻轻向上掀起,果实就会自行脱落。元旦左右时,当外界气温降至零下3℃时,及时进行一次性采收,进行短期贮藏或销售。

7 病虫害预防技术

了解害虫的生活特性和病害的发生规律,采用综合预防措施,减少病虫害的发生,保障产品优质安全。

病毒病、疫病和白粉虱、蚜虫、潜叶蝇、蓟马是秋延后辣椒栽培中的主要病虫害,可采取农业、物理和化学防治方法进行预防。

7.1 农业预防

选用抗病、专用品种;把好育苗关,培育壮苗;定植时剔除弱苗、病苗,管理中打下的枝杈、枯老叶及时清理出大棚,通风口和棚门处安装防虫网,控制外来虫源;加强田间管理,增强植株抗性;苗期和生长前期是植株容易发病阶段,要提早预防。

7.2 物理预防

采用黄板诱杀蚜虫和白粉虱,采用蓝板诱杀蓟马,铺设银灰色地膜进行避蚜。

7.3 化学预防

采用防治效果最佳而残留最小的原则,制定用药的时间、浓度及次数等方法规范,并严格按照药剂安全使用说明进行。

7.4 虫害(白粉虱、蚜虫、潜叶蝇、蓟马)

可用25%扑虱灵可湿性粉剂1500倍液,或20%吡虫啉2000~4000倍液,或2.5%功夫乳油3000倍液,或2.5%天王星1500~3000倍液,或锐虱360(利威1+1)375倍液,40%氯虫噻虫嗪300倍液,98%灭蝇胺1500倍液喷雾,或者使用棚棚清烟雾剂进行熏蒸防治。

7.5 疫病

喷雾与浇灌并举,常用药剂有58%甲霜锰锌可湿性粉剂400~500倍液,或64%杀毒矾可湿性粉剂500倍液,或60%琥乙磷铝可湿性粉剂100倍液,或25%瑞毒霉800~1000倍液,或58%雷多米尔锰锌500倍液,每隔7~10天1次,连续预防2~3次。

7.6 病毒病

增强植株抗性应该放在首位。苗期和生长期是植株容易发病阶段,要提早预防。虫害(白粉虱、蚜虫、蓟马)传播是一个方面,田间操作如吊绳、打叉、摘果、摘叶是造成病毒病大发生的另一个重要原因。一般于定植前后进行预防,可用病毒千1000倍液喷雾,隔7天喷1次,连续防治2~3次。

无公害鲜椒生产技术

1 栽培季节

(1)早春栽培 11 月上旬播种,2 月上旬定植,4 月上市
(2)秋冬栽培 7 月上旬播种,9 月上旬定植,11 月上市
(3)冬春栽培 8 月中旬播种,11 月上旬定植,2 月上市

2 品种选择

选择耐低温弱光、抗病性、抗逆强,高产优质,商品性好,适合市场需求的品种。

3 温室的前期准备

3.1 清洁温室

清除前茬蔬菜的残枝败叶及病虫残体,拿出温室外深埋或烧毁。

3.2 温室消毒

用 5% 菌毒清 100~150 倍液喷温室内各表面一遍。盖好膜,密闭温室,高温闷棚 7~10 天,达到升高地温,杀灭病虫,熟化土壤的作用。

3.3 设防虫网

在棚室通风口用 20 目~30 目尼龙网纱密封,阻止害虫迁入。

4 播种育苗

4.1 苗床准备

每亩需播种苗床3~5平方米、分苗床50平方米,7月育苗应用遮阳棚,一般在露地搭小拱棚,上盖旧膜,盖天不盖地,旁边设排水沟,起遮光、降温、防雨功能。其他参照"日光温室无公害黄瓜生产技术规程"执行。

4.2 浸种

种子先用温水浸种3~4小时,后用福尔马林100倍液浸种10~15分钟,再用10%磷酸三钠溶液中浸泡20分钟,用清水冲洗后再用温水浸种20小时。

4.3 催芽

将种子与其体积2倍的洁净湿润沙子混匀,放于碗内,上盖洁净湿毛巾,进行变温催芽,即一天中16小时32℃,8小时为16℃,催芽约需6~8天,种子露白时播种。催芽期间注意保湿、透气、补水、翻砂。

4.4 播种

每亩用种子50~80克,选晴天播种。播种前苗床浇足底水,湿润至床土深10厘米。水下渗后,均匀撒播。播后覆营养土1.0厘米。每平方米苗床再用50%多菌灵可湿性粉剂8g,拌上细土均匀薄撒于床面,防治苗期病害。床面铺地膜(打孔)保温、保湿,50%种子顶土时撤膜。

4.5 播种后管理

4.5.1 温度管理

播种后土温保持28~30℃。当幼苗拱土时降到27~28℃,夜间土壤最低温度保持18~20℃,以促进出苗。幼苗出土后白天气温25~28℃,以增加子叶的叶面积;夜间20℃逐步下降到15~17℃(即缓降3~5℃)。土壤温度20℃左右适宜。分苗之后要适当提高温度以利缓苗。缓苗期间白天气温28~30℃,夜间从20℃缓降3~4℃。土壤温度25℃最为理想。3~5天缓苗以后白天温度26~28℃,夜间20℃缓降2~3℃,土壤温度20℃左右。在定植前7~

10天要逐渐降温,进行幼苗锻炼,白天温度20℃,夜间最低12℃,不应低于10℃。

4.5.2 水分管理

辣椒苗不耐旱也不耐涝,维持较高的土壤湿度和空气湿度则苗生长旺盛,育苗期缩短;土壤干旱,则苗生长慢,叶柄中央弯曲下垂;长期多水则下部叶易黄化脱落。一般维持1~2片心叶淡绿色为宜。低温期一般中午补小水,高温期多在傍晚浇水。

4.5.3 分苗

当幼苗3~4片真叶时,低温期选"冷尾暖头"晴天上午,高温期选晴天下午或阴天进行,按10厘米行距开沟浇水,株距10厘米栽苗。

4.5.4 其他管理

低温期注意多揭帘,清洁薄膜增强光照,要多通风降湿防病。高温期适当进行遮光降温,注意防治蚜虫等害虫,以防传播病毒病。

4.5.5 炼苗

定植前一周控水、降温,增强秧苗抗逆性。不浇水,夜温最低可降到12℃。

4.5.6 壮苗标准

苗茎高18~25厘米,有完好子叶和真叶9~14片,平均节间1.5厘米,叶深绿色,大且厚,阔椭圆形,现小花蕾,根系洁白,无病虫害。

5 定植

5.1 定植前准备

定植前半月,每亩施用充分腐熟的有机肥料10 000千克以上,另加三元复合肥40~50千克、磷酸二铵40~50千克做基肥,撒于地表后深翻30厘米。南北向起垄,大小行定植,垄宽80厘米,沟宽60厘米,垄中央开深、宽各15厘米的浇水沟,垄高15厘米。

定植前一天浇起苗水,并喷72.2%普力克水剂800倍液加10%吡虫啉2 000倍液一次,防治病虫。起苗时多带土,少伤根,淘汰病、弱、畸、残、假杂苗。

5.2 定植

每垄栽两行,行距70厘米,株距40厘米,每亩栽2300~2500株。每亩用50%多菌灵或97%恶霉灵可湿性粉剂3~4千克,拌300千克干细土,均匀撒于定植穴内。注意苗子要分级定植,大苗在中、南部,小苗在北部。苗栽好后在垄上盖好地膜。

6 田间管理

6.1 光照调控

低温期草帘早揭晚盖,及时清洁薄膜,利用反光膜增强光照。即使阴雪天也应适当见光。进入四月后,应适当遮光,防高温强光导致日烧。

6.2 温度调控

缓苗期保持棚温30~32℃,超过扒顶缝通风。

缓苗后变温管理,栽后至12月底,晴天温室见光后揭帘,室温至30℃时扒顶缝通风,下午适当早关风口、早盖帘,使温室内早晨温度最低不低于12~13℃。元月至2月上旬最冷时,晴天温室见光30分钟后揭帘,温度升高到32~33℃扒顶缝通风,下午降到23~25℃闭风。日落前半小时盖好帘。阴天适当晚揭早盖不通风。下雪时及时清扫雪,中午适当揭帘见光。也可草帘外盖一层塑料膜,提高保温能力,防下雪浸湿草帘。久阴、雪突晴,一般遮花帘,不通风,或喷滴水,防止叶片萎蔫,4月以后,加大顶部通风以棚温不超过30℃为宜,夜温超过10℃时,可日落后盖帘但不关通风口,以便维持低温低湿状态。阴天通风,大风天注意压好膜,关好通风口;晴天注意早通风,防高温烤苗;5月上旬后,可昼夜大通风。

6.3 肥水管理

栽苗时底水底肥要足,然后控水控肥,达到促根、控秧、促结果的目的。门椒座住后(长3厘米),进行第一次追肥浇水,每亩追磷酸二铵15~20千克,对椒采收后追三元复合肥20千克,一般随水追肥,以后根据植株长势和天气情况,隔15～20天追肥一次。温室内忌施易挥发氨气的碳酸氢铵等肥料,氮、磷、钾肥配合施用。浇水必须选晴天上午进行,低温期膜下暗灌,浇水量少,浇水后及时通风降湿;高温期可明水暗水结合进行。辣椒不宜大水漫灌,一般要求小水勤浇,维持土壤湿润,即浇水要见干见湿。在12月上旬至2月上旬最冷时,尽量少浇或不浇,防降温过多。

6.4 光呼吸抑制剂使用

一般光呼吸消耗光合产物的10～20%,抑制光呼吸可提高产量。一般用亚硫酸氢钠120～240毫克/千克,在门椒座住后喷施,5～7天一次,共4次,可提高产量10～30%。前期低浓度,后期高浓度。

6.5 植株调整

6.5.1 植株防倒伏

株高60厘米后可在每垄四周距地面50～60厘米处设置横垃杆或用粗而韧的吊绳,上头绑于铁丝,下头绑于主枝上吊枝。

6.5.2 整枝

双杈整枝法:适于高密度栽培,主茎上第一次分杈下的侧枝要全部去掉,2个一级分枝分出的4个二级分枝全部保留,以后再发出的侧枝选留一条粗壮的继续生长结果,另一侧枝留一果摘心。

换头再生整枝法:当主枝上部果实采收后,将植株从对椒以上剪去老枝,中耕、追肥、浇水,在长出的基部侧枝中选留1～2个健壮侧枝让其开花结果。

6.5.3 结果中后期

及时去除下部老病叶,无效枝,徒长枝,改善通风透光条件。

6.6 保花保果

冬春季,低温弱光,易落花落果。可用PCPA(防落素,番茄灵),25～30毫克/千克在下午4时以后或上午10时以前喷花和幼果。药剂配好后低温避光保存,随配随用,不超一周;忌晴天中午用药,一般高温低浓度,低温高浓度;尽量避免药液滴在叶片和生长点上,以免引起药害;喷花时应加入防治灰霉病药剂;激素处理后加强追肥浇水。

7 采收

门椒,对椒适当早采,防坠秧。采收时,由于枝条脆,最好用剪刀收获,防折枝。

8 病虫害防治

8.1 防治原则

按照"预防为主,综合防治"的植保防针,坚持以"农业防治、物理防治、生物防治为主、化学防治为辅"的无害化防治原则。

8.2 农业及物理防治

辣椒除不进行高温闷棚外,其余参照"日光温室无公害黄瓜生产技术规程"执行。

8.3 化学防治

农药使用要遵循 CB4258 农药安全使用标准和 GB/T8321 农药合理使用准则的规定,各农药品种的使用要严格遵守安全间隔期,尽量交替用药。

防治猝倒病和立枯病可喷淋 72.2% 普力克水剂 500 倍液,或 15% 恶霉灵水剂 500 倍液。

防治疫病可用 98% 硫酸铜 300 倍液,或 43% 瑞毒铜 500 倍液,或 72.2% 普力克 600 倍液,或 64% 杀毒矾 500 倍液,或 78% 科博 500 倍液,或 69% 安克锰锌 600 倍液喷雾或灌根,喷雾每亩用药液 50~60 千克,灌根每株用药液 400~500 克,7~10 天一次。

防治炭疽病可用 80% 炭疽福美 800 倍液,或 25% 炭特灵 500 倍液,或 40% 炭克 800 倍液,或 50% 施保功 1500 倍液,或 25% 使百克 1000 倍液。

防治病毒病可用 20% 病毒 A500 倍液,5% 菌毒清 500 倍液,或 3.85% 病毒必克 700 倍液。

防治根腐病可用 97% 恶霉灵 3000 倍液,或 50% 根腐灵 600~1000 倍液,或50%根病清500~600倍液,或20%甲基立枯灵1200倍液喷洒或灌根,灌根株用药液300~400g。

防治霜霉病可用72%克露800倍液,或69%安克锰锌900倍液,或27%铜高尚悬浮剂600倍液。

防治蓟马可用40%七星宝乳油600~800倍液、10%吡虫啉1500倍液,或5%锐劲特1000倍液,或25%阿克泰水分散粒剂4000~5000倍液喷雾。

防治茶黄螨可用25%灭螨猛1000倍液,或73%克螨特2000倍液,或50%螨代治2000倍液,或25%倍乐霸1000倍液喷雾,或每亩用10%哒螨酮烟剂400~600g点燃。

防治灰霉病可用10%速克灵烟剂每平方米250克、或50%速克灵可湿性粉剂800~1000倍液、或50%农利灵可湿性粉剂1000倍液、或40%施佳乐可湿性粉剂1200倍液。

防治白粉虱和蚜虫可用烟熏剂熏杀,每亩每次用灭蚜宁Ⅱ号110克,或蚜虱一遍净烟剂400克,或虱蚜克烟剂300克。也可用10%扑虱灵乳油1000倍液、或10%一遍净4000~6000倍液、或25%阿克泰3500倍液、或25%灭螨猛1000倍液喷雾。

防治斑潜蝇可用48%乐斯本乳油1000~1500倍液、或25%灭幼脲3号2000倍液,或10%灭蝇胺800倍液,或20%班潜净1500倍液,或40%绿菜宝1000倍液,或1%阿巴丁2000倍液。

线辣椒标准化栽培技术

1 品种选择

选择果实细长、色深红、株形紧凑、结果多且部位集中、干椒率高、有较浓辛辣味的优质高产、抗逆性强、适应加工、商品性好的航椒7号、长线10线辣椒品种。

2 培育壮苗

2.1 育苗移栽

2.1.1 播种时间

3月上中旬播种育苗,一般苗龄60天左右,亩播种量约50克。

2.1.2 培养土

采用五兴牌育苗基质。

2.1.3 种子处理

播前将种子晾晒1~2天提高种子活力。用55℃温水浸种20分钟并不断搅拌,水温降至30℃后,浸泡种子5~6小时。

2.1.4 播种方法

采用全自动育苗机播种,播完浇透水一次,保持棚内温度:白天25~30℃,夜间15~18℃。播种最好在晴天上午进行,并注意天气变化,争取播后能有几个晴天,这样有利于提高床温提早出苗。

2.1.5 苗期管理

大部分幼苗出土后适时通风降温、防止烧苗,保持棚内温度白天23~

25℃,夜间15～17℃,苗床缺水时可轻浇小水,及时通风炼苗,防止徒长。

3 定植

3.1 整地施肥

5月上旬定植,定植前每亩施入腐熟优质农家肥3000千克,尿素20千克,过磷酸钙50千克,硫酸钾30千克,进行深耕25厘米耙平起垄。

3.2 定植方法

定植密度与品种特性及地块肥力等条件有关。育苗移栽一般采用每穴双株栽培,在垄面两边肩部栽2行苗,平均行距60厘米,株距30厘米,垄面行距50厘米,每亩3700穴,定植后及时浇缓苗水。

4 水肥管理

选择灌水最佳时期是依据辣椒生长发育过程中需水期与当时土壤含水量状态而定的。花果期灌水应早晚进行,减少中午高温时灌水,防止辣椒落花、落果。一般10天左右浇一次水,保持地面见干见湿,植株封垄后田间郁闭,蒸发量小15天左右浇水一次。在蕾期和花期各喷一次0.1%硼酸、0.1%的硫酸锌和0.1%硫酸镁混合溶液,防止落花、提高受精能力、增加产量、提高辣椒品质。当门椒对椒充分座好后,可根据土壤缺水状况及时灌水,并随水冲施尿素每亩15千克,盛果期第二次随水追施硫酸钾复合肥20千克保花促果。每隔10天左右喷施1次0.3%磷酸二氢钾、0.2%的尿素和0.1%硼酸溶液。立秋后,在8月中下旬剪掉辣椒生长点,节省养分,促进已开花结果的辣椒红熟。果实采收前,要严格控制水分,防止辣椒贪青晚熟,降低品质。

5 主要病虫害防治

5.1 农业防治

及时拔除重病株,摘除病叶、病果,带出田外烧毁或深埋;可用黄板诱杀蚜虫,每亩用40厘米×20厘米的捕杀特黄板30～40块或用40厘米×20厘米的纸板,涂上黄色漆,同时涂一层机油,挂在行间或株间,高出植株顶部,当黄板上粘满蚜虫时,再重涂一层机油,一般7~10天重涂1次;还可用杨树枝把诱杀烟青虫,剪取带叶的杨树枝条,每10根捆成1把,绑在小木棍上,其高度略高于植株顶部,每亩插8~10把,5~10天换一次,每天清晨露水未干时捕捉成虫。

5.2 化学防治

5.2.1 疫病

发病初期,用58%甲霜灵可湿性粉剂500倍液或70%乙膦铝锰锌可湿性粉剂500倍液喷雾。发现中心病株后;用72%克露可湿性粉剂600倍液、72.2%普力克水剂600~800倍液、64%杀毒矾可湿性粉剂500倍液或58%雷多米尔.锰锌可湿性粉剂500倍液浇灌病株根部与叶面喷雾相结合。

5.2.2 炭疽病

发病初期用10%世高水分散粒剂1500倍液或80%炭疽福美可湿性粉剂600~800倍液或75%达科宁(百菌清)可湿性粉剂600倍液喷雾,7~10天1次,交替使用,共喷2~3次。

5.2.3 病毒病

发病初期用20%病毒A可湿性粉剂500倍液,或1.5%植病灵乳剂800倍液,隔7~10天喷1次,连喷3~4次。

5.2.4 蚜虫

用10%吡虫啉可湿性粉剂1500倍液或25%阿克泰水分散粒剂5000~10 000倍液喷雾防治。

5.2.5 烟青虫

可选用10%氯氰菊酯乳油2000倍或50%辛硫酸乳油1000倍液防治。

5.2.6 茶黄螨

可选用73%克螨特乳油2000倍液,5%尼索朗乳油1000~1500倍液或15%哒螨酮乳油1500倍液交替使用。

6 分批采收

辣椒角红熟期选择深红、果皮皱缩触摸时发软的辣椒角,可采取充分红熟1批采收1批分次采收,采后及时烘烤,出炉后待常温时装袋密封储存。

关中地区日光温室越冬茬番茄栽培技术

1 品种选择

要选择耐低温弱光、优质、高产、耐贮运、商品性好、抗多种病害、抗逆性好、连续结果能力强、叶量中等、适合市场需求的品种;大果类型可选用普罗旺斯、德贝利、粉达利、园艺504等品种,樱桃番茄可选用粉贝贝、格格、粉佳、粉佳2号、粉圣、初恋(黄果)等品种。

2 肥力要求

要求日光温室的土壤应达到中等肥力水平,即有机质2.0%以上、碱解氮80~100毫克/千克、有效磷200~300毫克/千克、有效钾150~220毫克/千克。

3 播种育苗

3.1 播种前的准备

3.1.1 育苗设施

使用大棚来进行育苗,并配备防虫遮阳网,采用基质穴盘育苗方式,并对育苗穴盘及设施进行消毒处理,创造适合秧苗生长发育的环境条件。

3.1.2 育苗基质

选用市场销售的育苗基质,国产或进口基质均可。

3.2 种子处理

3.2.1 消毒处理

针对当地的主要病害选用下述消毒方法。

（1）温汤浸种

把种子放入55℃热水中,维持水温恒定浸泡15分钟。主要预防叶霉病、溃疡病、早疫病。

（2）磷酸三钠浸种

先用清水浸种3~4小时,再放入10%磷酸三钠溶液中浸泡20分钟,捞出洗净。主要预防病毒病。

（3）氯溴异氰尿酸

先用清水浸种3~4小时,再放入50%氯溴异氰尿酸500 ppm溶液中浸泡20分钟,捞出洗净。可杀死种子表面和内部的真菌、细菌和病毒。

3.2.2　浸种催芽

消毒后的种子浸泡6~8小时后捞出洗净,置于25℃保温催芽。

3.3　播种

3.3.1　播种

陕西关中地区一般于9月上中旬播种育苗。

3.3.2　播种量

根据定植密度,计算种子用量。

3.3.3　播种方法

当催芽种子70%以上破嘴（露白）即可播种,采用50孔穴盘进行育苗。播种前需要对育苗基质进行预处理,根据基质用量,加入适量的杀菌剂（每方50克百菌清或多菌灵即可）,拌匀浇水直至基质含水量为最大持水量的55%~65%,即手握后有水印且无滴水即可。

装盘:将配好的基质装入穴盘中,使每个孔穴都装满基质,并用木板刮平。

压穴:用竹棍或自制压穴板压穴至0.8~1.0厘米深度。

夏秋育苗可以直接用消毒后种子播种,播后用覆盖料覆盖播种穴。每平方米苗床再用50%多菌灵可湿性粉剂8克,拌上细土均匀薄撒于床面上,预防猝倒病；并用杀虫剂拌上毒饵撒于苗床的四周外围,防止害虫危害种子及幼苗。床面覆盖遮阳网,70%幼苗顶土时撤除床面覆盖物。

3.4 苗期管理

3.4.1 温度

夏秋育苗苗期温度高,主要靠遮阳和叶面喷水进行降温。

3.4.2 光照

育苗大棚外架设遮阳网,进行遮光降温。

3.4.3 水分

早晚喷水,进行补水及降温。

3.4.4 肥水

苗期以控水控肥为主。子叶展开至2叶1心期,基质水分含量65%~70%,3叶1心至成苗,基质水分含量为60%~65%。在秧苗3叶~4叶时,可结合苗情追提苗肥。禁止使用任何调节剂控制幼苗生长,这对后期开花、坐果有影响。

3.4.5 炼苗

逐渐撤去遮阳网,适当控制水分,或者育苗中期挪动一次育苗盘。

3.5 壮苗指标

叶色浓绿,无病虫害,4叶1心,株高15厘米左右,茎粗0.4厘米左右,苗龄25~30天。

4 定植前准备

4.1 棚室消毒

7月~8月利用日光温室休闲季节,进行棚内土壤太阳能消毒处理。

闷棚前:加入以腐熟粪肥为主的生物菌剂,如酵母菌、乳酸菌、嗜热菌等。

闷棚后:加入以防病为主的生物菌剂,如枯草芽孢杆菌、荧光假单胞菌、地衣芽孢杆菌、解淀粉芽孢杆菌、木霉菌、放线菌等。

4.2 施肥

依据土壤养分测试结果,根据目标产量,确定基肥使用量。具体用量参考

表1。

表1 基肥使用量

土壤肥力等级	有机肥施入量（方或千克每亩）	配方肥或化肥施入量（千克每亩）	时间及措施
低肥力	充分腐熟的鸡粪+牛粪+秸秆(5:4:1)20方，或施用商品有机肥(含生物有机肥)1000千克	配方肥(15～10～20)100千克，生物菌肥150千克	闷棚前：一次性基施有机肥，深翻25厘米～30厘米，与土壤混匀。闷棚后：整地起垄时沟施配方肥或化肥。
中肥力	充分腐熟的鸡粪+牛粪+秸秆15方，或施用商品有机肥(含生物有机肥)600千克	配方肥(15～10～20)75千克，生物菌肥75千克	
高肥力	充分腐熟的鸡粪+牛粪+秸秆10方，或施用商品有机肥(含生物有机肥)400千克	配方肥(15～10～20)50千克，生物菌肥50千克	

4.3 整地

按照1.4米一沟一垄方式做成半高垄，南北向，垄宽60厘米，垄高20厘米，沟宽80厘米。

5 定植

5.1 带药定植

定植前一天，用25%嘧菌酯悬浮剂20毫升+62.5克/升精甲·咯菌腈悬浮剂20毫升+25%噻虫嗪水分散粒剂10毫升+50毫升益施帮，兑水稀释200倍～300倍，把苗盘浸入药液中3～5分钟，提出后苗盘适当控水。

5.2 定植方法及密度

采用宽行密植半高垄栽培方式，每亩定植大果番茄2300株～2500株，樱桃番茄1900株。每垄定植2行，大番茄株行距38厘米×60厘米～40厘米×60厘米，樱桃番茄株行距50厘米×70厘米，缓苗后覆盖银灰色地膜。

6 田间管理

6.1 温度

不同生育期的温度要求见表2。

表2 不同生育期的温度管理

时期	昼温（℃）	夜温（℃）
缓苗期	25~28	17~20
缓苗后至坐果前	22~26	5~18
开花坐果期	20~25	13~15
结果期	20~26	10~15

注：当外界气温降至10℃以下时，需要覆盖棉被进行保温，使温室内夜间温度不低于8℃。

6.2 光照

采用透光性好的10丝PO膜，保持膜面清洁，不论天气好坏，棉被早揭晚盖。

6.3 湿度

缓苗期土壤湿度70%~80%、开花结果期60%~70%。可通过地膜覆盖、膜下滴灌或暗灌、通风排湿、温度调控以及操作行铺设秸秆覆盖等措施进行空气湿度调节。

6.4 肥水管理

采用肥水一体化栽培管理技术，进行膜下滴灌或暗灌，具体用量见表3。

表3 肥水管理

序号	浇水	时期（日/月）	追肥量（千克/亩）
1	第一水	定植后（20/10）	不追肥
2	第二水	缓苗期（25/10）	菌肥（液体腐殖酸+原菌粉）2~3千克

续表

序号	浇水	时期(日/月)	追肥量(千克/亩)
2	第三水	第一穗果拇指大小时(20/11 左右)	平衡肥 20~20~20 的 5 千克 + 黄腐酸 3~4 千克 + 微量元素
4	第四至第八水	盛果期前 4 次(15/12~15/2)	前两次平衡肥 20~20~20 + 微量元素肥料;第 3 次不追肥,只浇水;第 4 次 15~10~37 水溶肥 5 千克;第 5 次平衡肥 20~20~20 的 6~8 千克
5	第九至十四水	盛果期后 3 次(25/2~15/4)	一次清水一次追肥间隔进行。第 1 次 15~10~37 水溶肥 5 千克;第 2 次平衡肥 20~20~20 的 5 千克

注:1. 以 10 月 20 日定植为例。
2. 浇水次数和时间不是一成不变的,根据当年气候条件以及番茄生长情况灵活进行调整。

6.5 植株调整

6.5.1 整枝

大果番茄采取单杆整枝,樱桃番茄采用双杆整枝。

6.5.2 摘心、打杈和摘除底叶

大番茄留 6 穗果后摘心,樱桃番茄每杆留 5 穗果后摘心。当最上层目标果穗开花时,留 2 片叶摘心,保留其上的侧枝。第一穗果达到绿熟期后,及时摘除枯黄有病斑的叶子和老叶。

6.5.3 保果疏果

樱桃番茄摘除过长的穗稍,确保商品率;大番茄应适当疏果。第一穗预留 5 个果,疏果后留果 3 个,第二穗留果 4 个,再往上每穗留果 4~5 个。切忌第一二穗留果过多。可使用防落素、番茄灵、花蕾宝等植物生长调节剂处理花穗。在灰霉病多发地区,应在溶液中加入腐霉利等药剂防病。建议采用熊蜂授粉,按照 NY/T 3045~2016 技术规程进行。

6.6 铺放秸秆保温降湿

进入11月中旬,外界夜温低于16℃,操作行(人行道)铺放粉碎秸秆,放入前根据数量添加有机物料腐熟剂,然后覆盖薄膜。

6.7 遭遇灾害天气时的管理

在寒冬季节的连续阴天或雪天,温室内温度会骤然下降,空气湿度骤然增大,影响番茄的正常生长发育,并为各种病害的浸染和发生提供了条件,应采取以下应对措施:

注意每天收听、查看天气预报,在出现连续阴天或雪天前几天停止浇水,减少通风量,使温室内多蓄积热量;

在出现连续阴天或雪天前2~3天,可用百菌清烟剂熏蒸1次;

在连续阴天时,应每天揭开棉被等覆盖物,尽量使温室多接受散射光。雪后立即清扫残雪,保持薄膜洁净;

如果长时间的阴(雪)天后突然转晴,要采用回苫或花苫的补救措施;同时,可叶面适当喷水,缓冲叶片萎蔫;

有条件时可安装补光灯、增温灯或增添火炉等临时性补光和加温措施。

7 病虫害防治

7.1 主要病害

主要病害有:病毒病、灰霉病、晚疫病、叶霉病、早疫病、青枯病、枯萎病、溃疡病。

7.2 主要虫害

主要虫害有:蚜虫、白粉虱、烟粉虱、蓟马、潜叶蝇、茶黄螨、棉铃虫。

7.3 农业防治

7.3.1 抗病品种

选择适宜的高抗多抗品种。

7.3.2 创造适宜的生长发育环境条件

培育适龄壮苗,提高植株抗逆性;控制好空气湿度、适宜的肥水和充足的光照,通过放风和辅助加温,调节不同生育时期的番茄生长发育适宜温度;深沟高畦,严防积水,清洁田园。

7.3.3 耕作改制

有条件的地区应实行水旱轮作。严格轮作制度,与非茄科作物轮作3年以上。

7.3.4 科学施肥

测土平衡配方施肥,增施充分腐熟的有机肥,减施化肥。

7.3.5 设施防护

日光温室的风口和出入口使用防虫网,严冬季节出入口内外悬挂棉被,温室内上风口和出入口处用薄膜设置冷空气缓冲带。

7.4 物理防治

利用黄板和蓝板诱杀害虫。每亩悬挂黄色粘虫板(25厘米×30厘米)50块、蓝板10块左右。

7.5 生物防治

7.5.1 天敌

利用天敌,防治虫害。

7.5.2 生物药剂

采用植物源农药如藜芦碱、苦参碱、印楝素等和生物源农药如阿维菌素、新植霉素等生物农药防治病虫害。

7.6 化学防治

使用药剂应符合克B 4285、克B/T 8321的要求。各种常见病虫害的预防化学药剂名称、使用方法和安全间隔期详见附录。

推荐使用高内吸性药剂,随水进行根部用药,进行肥—水—药一体化栽培管理。

8 采收

分批及时采收,减轻植株负担。

附录

番茄主要病虫害防治一览表

主要防治对象	农药名称	使用方法	安全间隔期/天
猝倒病	64%恶霜灵+代森锌	500倍喷雾	3
	青枯立克	600倍液灌根	7
立枯病	72.2%霜毒水剂	500倍喷雾	5
	50%乙蒜素乳油	2000~3000倍喷雾	7
灰霉病	50%腐霉利可湿性粉剂	800~1000倍喷雾	7
	40%嘧霉百菌清水剂	800~1500倍喷雾	5
	40%嘧霉胺悬浮剂	800~1000倍喷雾	7
	65%甲硫乙霉威可湿性粉剂	50克~75克每亩喷雾	7
早疫病	70%代森锰锌	500倍喷雾	15
	75%百菌清可湿性粉剂	600倍喷雾	7
	50%异硫脲可湿性粉剂	1000~1500倍喷雾	4~7
	42.8%氟菌·肟菌酯	600~1000倍喷雾	5
	25%嘧菌酯悬浮剂	1500倍液喷雾	3
晚疫病	40%乙磷·锰锌可湿性粉剂	300倍喷雾	5
	58%瑞毒·锰锌可湿性粉剂	500倍喷雾	3
	72.2%霜霉威盐酸盐水剂	800倍喷雾	5
	25%嘧菌酯悬浮剂	1500倍液喷雾	3

续表

主要防治对象	农药名称	使用方法	安全间隔期/天
叶霉病	42.8%氟菌·肟菌酯	500~750倍喷雾	5
	25%嘧菌酯悬浮剂	1500倍液喷雾	3
	10%多抗霉素可湿性粉剂	100~140克每亩喷雾	5
	40%氟硅唑乳油	8000~10000倍液喷雾	7
溃疡病	77%氢氧化铜可湿性粉剂	800倍喷雾+灌根	7
	47%春雷·王铜可湿性粉剂	750倍喷雾+灌根	7
	2%春雷霉素水剂	500倍喷雾+灌根	7
	20%噻唑锌悬浮剂	500倍喷雾+灌根	7
	20%噻菌铜悬浮液	700倍喷雾+灌根	7
病毒病	50%氯溴异氰尿酸可溶性粉剂	800~1000倍喷雾	5~7
	20%盐酸吗啉胍铜	500倍喷雾	3
蚜虫	2.5%溴氰菊酯乳油	2000~3000倍喷雾	2
	10%吡虫啉可湿性粉剂	2000~3000倍喷雾	7
	35%氯虫苯甲酰胺水分散粒剂	3750倍喷雾	14
白粉虱	2.5%联苯菊酯乳油	3000倍喷雾	4
	锐虱360	375倍喷雾	7
烟粉虱	10%吡虫啉可湿性粉剂	2000倍~3000倍	7
	40%氯虫·噻虫嗪	3000倍	7
潜叶蝇	1.8%阿维菌素乳油	4000倍喷雾	7
	25%噻虫嗪水分散粒剂	4000倍喷雾	7
	98%灭蝇胺	1500倍喷雾	7

泾阳日光温室樱桃番茄长季节高产栽培技术

1 泾阳樱桃番茄长季节栽培的日光温室结构要求

樱桃番茄长季节栽培从10月下旬左右定植开始,到翌年7月底结束,期间需要经历冬季漫长的低温寡照、春季的大风强降温、夏季的高温强辐射等不良天气考验。由此,其生产设施合格与否成为制约高产目标实现的基本条件。泾阳县樱桃番茄口感好、品质佳,大多产自北部台塬地区。这些地区光照充足,设施完善,依据台塬地区所建的日光温室,半地下式下沉幅度0.6~0.8米,土质墙体,后墙底座宽6米以上,上座宽1~1.5米,跨度9米,温室屋脊至种植面高度为4.87米,水泥骨架或钢骨架,耳房为砖混结构。升温快、保温性能好、通风效果佳。

2 品种选择

适合日光温室长季节栽培的品种,既要耐低温、寡照,又要耐高温,坐果能力强,且抗病性强,口感好,如粉贝贝、丽晶、秦樱3号等。

3 穴盘精细播种育苗

3.1 穴盘选择

一般选用72孔或50孔穴盘。

3.2 种子处理

播前种子进行催芽处理,每亩用种量一般为2000粒。用0.1%高锰酸钾溶液浸种20分钟,然后用30℃温水浸种4~5小时,捞出后在25~30℃的条件催芽,早晚各用清水淘洗一遍。

3.3 基质处理

选用商品基质。将基质用水拌湿,手捏见水而不下滴为度,可每袋基质加入三元复合肥0.4千克,50%多菌灵可湿性粉剂20克,搅拌均匀,然后装盘刮平,利用穴盘底部均匀下压成0.8厘米左右的播种穴备用。加肥时要用水将肥料化开,以免烧苗。

3.4 培育壮苗

将催好芽的种子每穴1粒播种在装好基质的穴盘内,然后覆营养土,然后刮平压实,洒透水。摆好穴盘后及时覆盖保鲜膜保湿。出苗前温度控制在25~30℃,苗出齐后,应及时撤去覆盖物。保持穴盘水分见干见湿,浇水一定要在早上进行,以免夜间湿度太高引发疫病。苗期应全程采用防虫网覆盖,防止病毒病的感染。

4 定植

4.1 整地施肥

第一次深翻40厘米、第二次浅耕20~25厘米。基肥亩施优质腐熟有机肥12方以上(鸡粪、羊粪等)、生物菌肥150千克、磷酸二铵50~60千克、硫酸钾30~40千克。第一次施入有机肥量的80%(9.6方左右)、化肥量的60%(磷酸二铵:30~36千克,硫酸钾18~24千克)、生物菌肥全部施入;第二次施入剩下的有机肥和化肥的30%(磷酸二铵15~18千克,硫酸钾9~12千克),剩余10%(磷酸二铵5~6千克,硫酸钾3~4千克)化肥栽苗时施入。

4.2 消毒

定植前15天,盖好薄膜,密闭风口,以提高棚温。定植前1~2天用45%百菌清烟雾剂和10%速克灵烟雾剂各1千克熏蒸,通风无味后定植。新建日光温室需第一次翻地时亩施3~4千克辛硫磷防治地下害虫。

4.3 起垄

采取宽行密植半高垄栽培方式。即南北向垄,大行距100厘米,小行距80

厘米,垄高15厘米,只在大行取土。这样起垄一是田间操作方便、通风透光。蔬菜定植后,一般宽行可达1.2米,这样在农事操作时,行走极为方便。同时南北空气流畅,光线可以照到北墙根蔬菜的最底部,避免蔬菜下部叶片见不到光照而黄化,造成养分损耗,且有利于整株叶片光合作用和蔬菜产量的提高;二是蔬菜根系发达,棚内空气湿度小,病害轻。由于该栽培模式较为集中,使棚内灌水量减少,由棚内每间(3.6米)灌3行水变为灌2行水,灌水量直接减少30%以上,降低劳动量及生产成本,减少棚内湿度、提高地温。宽行为疏松的干土,易于排湿、蓄热较多,可使棚温提高、蔬菜生长健壮、早熟、不易发病。

4.4 带药定植

定植前一天,每亩使用1包高巧+1包普力克兑水15千克,稀释蘸苗盘,把苗盘浸入药液中3~5分钟,然后提起苗盘适当控水。既能预防蚜虫、白粉虱,减少病毒病的发生,又能预防苗期病害和土传病害,促进根系生长,使苗齐、苗壮,缓苗快。10月下旬选择晴天上午定植,植株定植于小行内侧半垄上,株距38~40厘米,每亩定植1800~1900株。

5 水肥管理

定植时浇透底水,5~7天后浇1次缓苗水,直到第一穗果长至豌豆大小时再开始浇水,以后根据湿度情况(一般要求土壤湿度为70%)在晴天中午前浇水。12月下旬~1月下旬之间浇水会明显降低地温及增加空气湿度,因此需采用少量多次的浇水方法,一般需水时在晴天中午12时前浇水。随水每亩追施生物菌肥、腐殖酸复合肥或黄腐酸复合肥15千克。樱桃番茄开始成熟时,要采取相对而言干旱的管理方法,叶片表现正常,中午不显萎蔫就不要浇水,这样可以有效减少裂果并提高果实甜度。2月中旬至3月中旬以后,10天左右浇一次水,可配合浇水每亩冲施氮、磷、钾复合肥20千克或沼液3方左右。3月中旬以后,5~7天浇一次水,浇2次水须追肥1次,每次每亩施氮、磷、钾复合肥15~20千克。水分的管理主要依据当月的天气情况而定,天气晴朗,可适当多浇,天气连续阴天甚至多雨天气,应避免浇水,必要时做好保温防冻措施。若植株表现缺肥症状,可适当喷施叶面肥,以促植株生长。

6 田间管理

6.1 吊蔓及整枝

根据樱桃番茄品种多为无限生长的特点,常采用温室绑蔓吊绳的方式来固定茎秆。吊蔓方法如下:在植株上方距地面2米处沿垄的方向按行分别拉一道10号铁丝。整枝一般采用双杆整枝法,一般留第一花序下方紧邻的强壮侧枝,其他的侧枝要及时摘除。喷花后即可吊蔓,用尼龙绳和吊蔓荚进行,"S"形绑蔓,留8~10穗果摘心,摘心时顶部花序上面要留3~5片叶,及时疏除下部老叶,并坚持疏花疏果。

6.2 保花保果

樱桃番茄坐果性良好,但冬季的低温、弱光照会影响其坐果率,为了保证坐果整齐,一般采用20~25毫克/千克的番茄灵进行蘸花。

6.3 留芽

4月底~5月上旬根据植株长势开始留芽。打掉双杆上的老叶,选择双杆上健壮的侧枝4~5个,每个侧枝喷1~2序花后留2~3片叶及时摘心。

6.4 后期遮阳降温

进入4~5月份,温度升高不利用坐果,可采用遮阳网或者撒泥浆降低棚内温度。

7 合理调控温湿度

定植后至缓苗前(约一周时间)不通风,保持白天室温28~30℃,夜间17~20℃。若遇晴暖天气,中午可用草帘适当遮阴。缓苗后至坐果前,以促根控秧为主,白天室温22~26℃,夜间15~18℃,中午前后不要超过30℃,超过30℃时及时通风降温。可揭开地膜,中耕2~3次,以促根控秧。进入坐果期,室内温度为白天20~30℃,夜间13~15℃,最低夜温不低于8℃。深冬季节(即12月下旬至2月中旬)及阴天、光照较差时,可在中午前后短时通风,以散湿、换气。上午揭草帘的适宜时间,以揭开草帘后室内气温无明显下降为准。晴天时,阳光照到温室面时及时揭开草帘。下午室温降到20℃左右时盖帘。深冬季节,草帘可适当早揭早盖。一般雨雪天,室内气温只要不下降,就应揭开草帘。大雪天,揭帘后室温会明显下降时,可在中午短时揭开或随揭随盖。连续阴天时,可于午前揭帘,午后早盖。久阴乍晴时,要分多次揭开草帘,不能猛然全部揭开,以免闪苗。揭帘后若植株叶片发生萎蔫,应再盖帘,待植株恢复正常,再间隔揭帘。下雨天可覆盖二膜(可选用旧的薄膜)于草帘上,防止草帘吸水后过重,影响卷帘机工作。2月中旬以后,随日照时数逐渐增加,适当早揭草帘、晚盖草帘,尽量延长植株见光时间。注意清洁薄膜,增加光照。要注意及时进行通风,晴天时,白天室温上午25~28℃,下午20~25℃,上半夜15~20℃,下半夜13~15℃。阴雨天,白天室温20~25℃,夜间10~15℃。

8 病虫害防治

樱桃番茄产量形成影响较大的病害主要有以下几种:灰霉病、叶霉病、白粉虱、烟粉虱等。坚持"预防为主,综合防治"的防治原则,切实保护叶片和果实,在产量形成的关键时期创造有利条件,保障产量形成。可选择烯酰吗啉锰锌500倍或者40%嘧霉胺水分散粒剂1000倍+霜脲氰锰锌500倍,同时防治灰霉病、叶霉病。白粉虱、烟粉虱可采用通风口覆盖防虫网,棚内每亩悬挂30~40张黄板诱杀,也可采用25%阿克泰水分散粒剂3000~5000倍液、25%扑虱灵可湿性粉剂1000~1500倍液或1.8%阿维菌素乳油2000倍液等药剂交替喷雾防治。

越冬日光温室番茄栽培技术

1 品种选择

选择耐低温、弱光,抗病品种生长势强的优良品种。如:普罗旺斯、粉达利、德贝利、荷兰356等。

2 培育壮苗

由于黄化曲叶病毒病的影响,播种时一般在9月初10月底,定植时间为10月底到11月中旬。采取50孔穴盘基质育苗,保证苗齐苗全苗壮。

2.1 育苗基质

使用全营养型有机育苗基质。如有机芦苇末基质、秸秆基质、食用菌下脚料基质等。富含有机质和蔬菜苗期生长所需的N、P、K及Cu、Zn、B、Si、Ca、Mg等微量元素,有效微生物活菌数$\geq 0.5 \times 10^8$/克,不含重金属等有毒有害物质。

基质装盘前先预湿,调节基质含水量至35%~40%,即用手紧握基质,可成形但不形成水滴。堆置2~3小时使基质充分吸足水。

将预湿好的基质装入穴盘中,穴面用刮板从穴盘的一方刮向另一方,使每个孔穴都装满基质,装盘后各个格室应能清晰可见。

2.2 播种

2.2.1 种子处理

将种子放入50~60℃的温水中,不断搅拌种子20~30分钟,然后根据不同作物种子的要求,在25~30℃温水中浸泡4~8小时,除去秕籽和杂质,用清水将种子上的黏液洗净,待种子风干后播种。

2.2.2 播种方法

手工播种

压穴:将装满基质的穴盘按两个一排整齐排放在苗床上,根据穴盘的规格制作压穴"木钉板",木钉圆柱形,直径0.8~1厘米,高0.6厘米。用"木钉板"在穴盘上压穴,穴深0.5厘米。

播种:每穴播种一粒种子,播种深度0.5~1厘米。多播种1~2盘备用苗,用作补缺。

盖种、浇水:播种后,再覆盖一层基质,多余基质用刮板刮去,使基质与穴盘格室相平。种子盖好后喷透水,以穴盘底孔刚渗出水滴为宜,以后进行催芽。

2.2.3 催芽

催芽温度:白天保持25~30℃,夜间保持20~25℃。苗床催芽:育苗盘整齐排放在苗床上,盖一层白色地膜保湿,当种芽伸出时,及时揭去地膜。

2.2.4 苗期管理

水分:秧苗生长期,应始终保持基质湿润,不需控水。喷水量和喷水次数视育苗季节和秧苗大小而定,原则上掌握在穴面基质未发白时即应补充水分,不可等到穴面基质干枯结痂再浇水,每次要喷匀喷透。

温度:去掉大棚围裙膜,保留棚顶膜,晴天上午十时至下午三时,棚顶盖遮阳网降温。

光照:出苗前棚膜上覆盖遮阳网以降温,出苗后晴天每天下午三时后和阴雨天要揭去遮阳网。

补苗:在两片子叶展开时,及时用备用苗移苗补缺,保证每穴一苗。

3 起垄整地

冬茬番茄种植生长期较长,一定要施足底肥,尤其是有机肥施量要充足,适量增施生物菌肥及微量元素,不断提高土壤有机质,改善土壤通透性,给根系生长创造良好的环境。一般亩施有机肥10方,三元复合肥50千克,硫酸钾10千克。采取宽行密植半高垄栽培技术。该技术的设计原则是根据作物边际效应这一特性,保持每亩苗数不变,采取加大操作行,种植行原则保持不变,缩小株距的方法,改过去温室每间(3.6米)种植6行蔬菜为现在的种植4行蔬菜的办法来达到提高光能利用率,降低湿度,减少发病率,促进蔬菜根系发育,提高单产的目的。大行120厘米,小行60厘米,株距以不同的品种和不同的密度而不同,一般株距应为20～25厘米。高垄栽培技术:该技术是为了提高地温,降低湿度,增加土地透气性,减少土传病害而采用的一种栽培模式。该技术可促进蔬菜早熟5～7天,产量提高10%左右。做垄挖沟采用双行带状栽植,双行之间要留灌水沟,水沟下宽30～40厘米,垄高(沟深)15～20厘米。先在步道上取少量土分放于做垄部位,再于双行中间挖沟,将土分放于垄上,用耙将垄顶整平,沟两侧轻压即可。

4 定植后管理

4.1 通风技巧

一般在早晨温度升起来以后再拉开风口,有利于水蒸气的排出。

4.2 田间管理

4.2.1 晚覆地膜

番茄定植后15天后再覆地膜,此间中耕2～3次,促进根系下扎,强壮根体。

4.2.2 合理浇水

浇水应选在晴好天气的上午进行,保证浇水后有2～3天的晴天,浇小水,浇水后要先升温再通风,避免地温过低伤根而引起早衰,严禁阴天和午后浇水。另外还要注意每次浇水量不要过大,防止沤根。每次浇水后要注意揭膜松土,提高土壤透气性。

4.2.3 喷花

一般选用防落素+速克灵,晴天上午进行,温度高时选用低量,反之选用高量。最近几年我县已有部分菜农选用熊蜂授粉,每亩用熊蜂2箱,每箱50头左右,亩投资800元。一般元月底2月初放入棚内。采用熊蜂授粉,一是花絮自然脱落,防治灰霉病菌侵染;二是防止激素使用过量,出现药害;三是避免畸形果的形成,可达到果实饱满、提高品质的效果。

4.2.4 喷施叶面肥

在番茄生长中后期,如发现番茄叶面出现发黄早衰迹象,可叶面喷洒0.1%~0.2%尿素、0.3%~0.5磷酸二氢钾等叶面肥;如发生较严重,可喷施细胞分裂素、甲壳素等叶面肥,促进其正常生长。

4.2.5 合理整枝,适当留果

科学疏花疏果,一般每穗留3~4个果实,并及时摘除下部黄叶和病叶,减少营养消耗。

4.2.6 病虫害防治

按照"预防为主,综合防治"的植保方针,坚持"农业防治、物理防治为主,化学防治为辅"的无害化控制原则。番茄一生主要病害有灰霉病、叶霉病、晚疫病,虫害主要有白粉虱、烟粉虱、斑潜蝇、蚜虫。

(1)物理防治

黄板诱蚜:利用蚜虫趋黄特性,制作黄板诱杀蚜虫。黄板由双层塑料薄膜制成,膜内壁涂黄色广告粉,膜外两面涂机油。悬挂于植株最高的50厘米。

风口悬挂防虫网,一般选用40目的防虫网,可有效起到防虫效果。

(2)化学防治

深冬季节和低温寡照季节尽量选用烟雾剂熏蒸。晴好天气上午选用水剂喷雾防治。定期喷施速克灵、灰霉克、百菌清、代森锰锌等药剂预防。发现病害后及时喷施药剂。

秋冬茬温室茄子栽培技术

1 品种选用

选用生长势强,耐低温、弱光,产量高,畸形果少,抗褐纹病、绵疫病、灰霉病、黄萎病力强的品种。推荐品种:布利塔、东方长茄。

2 定植

2.1 定植期

一般9月中下旬选晴天上午进行。

2.2 定植前准备

定植前7~10天,按每平方米用硫黄粉4克+锯末8克+80%敌敌畏0.1克,点燃熏蒸一昼夜;每亩施用腐熟有机肥6~8方,复合肥100千克,二铵20千克,均匀撒于地表后深翻30厘米。南北向起垄,按大行宽80厘米,小行宽60厘米,只在大行间取土,垄高20~25厘米,垄中央开深15厘米,宽20厘米的浇水沟。

2.3 定植

建议选择育苗工厂的无毒嫁接种苗,每垄栽两行,株距50厘米,亩栽1800余株,有滴灌条件的,铺好滴灌管后覆膜,没有的采用膜下暗灌。

3 田间管理

3.1 温度调控

①缓苗期,密闭保温一周,高温、高湿促缓苗,一般不超过32℃不通风。超

过32℃通小风。

②在11月下旬~12月下旬和2月上旬~3月下旬时,晴天温室见光后揭帘,温度升高到30℃利用上通风口通风,通风口大小以通风后温度下降5℃以内为宜,下午降到20℃闭风,日落前盖帘。阴天适当晚揭早盖,采用多次通风。下雪时及时清扫积雪,中午适当揭帘见光。

③在12月下旬~2月上旬最冷时,晴天温室见光30分钟后揭帘,以揭开草帘棚内温度不降低为原则,温度升高到30℃顶部通风,通风口大小以通风后温度下降3℃以内为宜,下午降到23~25℃闭风,日落前半小时盖帘。阴天适当晚揭早盖,多次通风。下雪时及时清扫积雪,中午适当揭帘见光。夜间在草帘外加一层塑料膜,提高保温能力,防雨雪时积雪或下湿草帘,影响保温效果。久阴雪突晴,一般遮花荫,通小风,喷药加叶面肥。

④4月上旬后,温度升高到32℃顶部及南沿通风,下午降到20℃闭风,少盖或不盖帘;也可日落后盖帘但不关通风口,以便维持低湿状态。阴天少通风。大风天注意压好膜,关好通风口。晴天注意早通风,防高温烤苗;如果通风前温度过高,应逐渐通风,缓慢降温。

⑤5月上旬后,可昼夜大通风。

3.2 肥水管理

①底水底肥要足,浇过缓苗水后,控水控肥,达到促根控秧促结果的目的。

②缓苗以后7~10天浇一次水,选择晴天浇水,水温15℃左右,尤其在对茄采收前后需要水肥较多,应结合浇水及时追肥,每次亩施尿素或二铵10~15千克。施肥原则是温度高时适当多施,温度低时少施或不施;前期以磷为主,中后期以钾、钙、氮为主。

③在12月下旬~翌年2月上旬最冷时,尽量少浇或不浇,防止降温过多,一般20天左右浇一次小水。到3月份以后,气温回暖后要勤浇大水,一般7天浇一次。

3.3 植株调整

3.3.1 整枝

采取双杆整枝,南北留头。日光温室是南北种植,南北留杆便于通风采光和操作管理。当植株长到40厘米高时开始用绳吊蔓。

3.3.2 打杈

将第一次分杈下的侧枝去除以减少养分浪费,当对茄采收时,分杈下面的老叶也需打掉,利于通风降温。

3.3.3 疏花

对茄以下的花全部打掉,年前以主杆结果为主。侧枝的生长点留一片叶后摘除,为后期侧枝能够继续开花结果做准备。主杆没有坐住果的可用侧枝留果。当主杆茄子长到15厘米时,侧枝有花的可以点花留果,点花后留一片叶子摘心。

3.4 点花

在开花当天,选择开花最大的一朵花,用药剂(1支2.4~天+2毫升浓度4%的赤霉素+0.5升水)均匀涂抹于果柄上端。注意:药水需加红或黑颜料做标记,以免重复使用产生畸形果;器皿勿用金属器皿;忌晴天中午用药,高温时用3毫升浓度4%的赤霉素;长期连阴雨天气可点半开花。

3.5 适时采收

12月上旬开始采收,翌年7月拉秧。门茄及时摘除,减少养分浪费,从对茄开始采收。茄子成熟时,一般萼片与果实相连处的浅色条带消失,果皮变硬、发亮,手压果面有弹性。采收时用剪刀带3厘米果柄采收。

4 病虫害防治

4.1 病害防治

主要是降低棚内湿度,及时清除老叶、病叶、病果、残花及杂草,浇水前喷施保护剂或杀菌剂。苗期处于高温强光条件下,易发生猝倒病,可用普力克等。采收初期处于低温寡照条件下,易发生灰霉病,可用百菌清、灰克、克得灵、施加乐等。后期高温高湿条件下,易发生绵疫病,可用霜脲锰锌、抑快净、杀毒矾等。

4.2 虫害防治

首先使用防虫网和黄板等物理防治,其次使用药剂防治。开春以后易发生茶黄螨、白粉虱等虫害。茶黄螨可用阿维菌素等,白粉虱可用蚜虱净、吡虫啉等。

日光温室越冬茬茄子高效栽培技术

1 品种选择

选用耐低温弱光、抗病优质、丰产性商品性好的品种,主要有"布利塔"、"富锦2号"、"大龙"、"济杂长茄"等。砧木选用"托鲁巴姆"。

2 嫁接育苗

嫁接不仅可以有效控制茄子枯黄萎病和根结线虫病等病害,还可以提高茄子的抗低温能力和植株的根系吸收能力,提高产量。

2.1 错期播种

6月上旬播种砧木"托鲁巴姆",播前用200毫克/千克的赤霉素溶液浸泡24小时后进行催芽,当砧木1叶1心时播种接穗,待砧木5~6叶1心、高10厘米左右,接穗4~5叶1心、直径达4毫米时进行嫁接。

2.2 嫁接

采用劈接法在棚室内进行嫁接,从砧木第2~3片真叶着生处距基部5~6厘米和接穗粗细相当的部位,将茎部切断,切口要平整。随即在切断的嫩茎上从中心切开长1.0~1.5厘米的接口。接穗幼苗保留2~3片嫩叶后从下部切断,然后将茎部削成长1.0~1.5厘米的楔形。再将削好的接穗插入砧木的接口,使接穗和砧木形成层互相对准,最后用圆口嫁接夹固定,摆放于苗床,覆盖薄膜保湿。

2.3 嫁接苗管理

白天温度25~28℃、夜间20℃左右,棚内空气湿度保持90%左右,若湿度不够可在苗床下浇水。4~5天后,嫁接苗从散射光或弱光开始逐渐增加光照,10天后嫁接苗基本成活,转入正常管理。及时摘除砧木萌芽,并将接穗切口下部的根茎或不定根去除。植株株高20厘米以上,6~9片叶时即可定植。育成嫁接苗需要65天左右。

3　施肥整地

每亩施用充分腐熟的优质鸡粪等有机肥6方,过磷酸钙50千克、硫酸钾型复合肥100千克,提前将有机肥施入到土壤中,结合闷棚可使有机肥彻底腐熟。深翻后按大小行起垄,大行距90厘米、小行距70厘米,垄高15厘米。

4　定植

株距45厘米,每每亩定植2000株左右,定植前用70%吡虫啉可湿性粉剂30克+25%嘧菌酯悬浮剂20毫升+0.003%丙酰芸苔素内酯10毫升兑水30千克蘸根,每穴施阿维菌素颗粒剂5克防治根结线虫,栽苗时嫁接刀口位置要高出畦面,浇缓苗水,及时进行中耕,等到新叶开始生长时浇1次透水,以后5~7天中耕1次,以促进根系生长发育。10月初覆盖白色地膜,覆盖地膜时可先在栽培畦的南北两端东西方向各拉一条铁丝,然后在栽培畦的中间南北方向拉一根较细的铁丝,两端与东西向铁丝连接,后覆盖地膜,使覆盖的地膜呈一小拱棚状,有利于提高地温、方便浇水。

5　温室管理

5.1　温度管理

茄子生长发育适宜温度为20~30℃,高于35℃或低于17℃,易导致落花、落果或畸形花、僵果等。定植后使用遮阳网或向棚膜上泼泥浆或喷洒降温剂来遮阴降温,白天温度控制在30℃左右,温度较高时可以喷洒清水降温,夜间温度在22℃左右。深冬、早春季节(12月至翌年2月)要注意白天增温、夜间保温,白天温度25~30℃,夜间不低于12℃。遇灾害性天气时,要利用各种可行的增温、保温设施,使棚内最低气温不低于10℃,可在保温被之上再盖1层浮膜,保温的同时还可防雨雪;在大垄内覆盖10~15厘米厚的稻草、玉米秸秆等,可以提高地温、降低湿度。从5月中下旬到拉秧,主要通过采取遮阴措施来调整棚内的温度、光照以适应茄子的生长发育。

5.2 光照管理

茄子属喜光植物,较强的光照和较长的日照时间可促进茄子生长发育,光照弱时产量低,着色差,尤其在幼苗期若光照不足,会导致花芽分化和开花延迟、长柱花数量减少、畸形果增多。选用透光率高、流滴性好、耐候性强的多功能复合棚膜;保持棚膜清洁,在棚面上拴挂无静电布条,通过布条随风摇摆擦除棚膜上的灰尘;在保证棚内温度的前提下,尽量早揭晚盖保温被等覆盖物,延长光照时间;遇到雨雪天气时也要适当揭苫,使植株见散射光;遇到雨雪天气,可采用碘钨灯、白炽灯、钠灯等进行补光;张挂反光幕、覆盖白色地膜等措施增加光照时间和强度。

5.3 水分管理

水分的管理原则是"小水勤浇",严禁大水漫灌。定植缓苗后,要浇1次透水,保证苗期土壤水分充足,在门茄坐果前如果土壤能手握成团则可以不浇水。秋季一般每7~10天浇1次水,深冬季节要以控水为主,可每15~20天浇1次水,遇有连续阴雨雪天气时甚至1个月都不用浇水。缺水时在晴天上午从地膜下暗浇,水量要小,也可安装滴灌带进行膜下滴灌,浇水后及时放风排湿。3月以后气温回升,茄子需水量增大,可适当增加浇水次数,一般每7天左右浇1次水,水量可适当增大。

5.4 肥料管理

开花坐果前一般不施肥,避免造成植株营养生长过旺而影响坐果。当门茄坐住后,长势良好地块每亩冲施N~P~K为20~10~30的大量元素水溶肥5千克;在门茄坐住后每15~20天使用1次钙肥、硼肥,可用纽翠钙800倍液+硼尔美800倍液一起喷施,以促进花芽分化和果实正常生长;每30~40天喷施1次锌肥、铁肥、镁肥,可用硫酸锌1000倍液+硫酸亚铁1000倍液+硫酸镁1000倍液喷施。结果前期是营养生长和生殖生长并进的时期,此时期应施用平衡型水溶肥(N~P~K为20~20~20),每亩用6千克,随浇水冲施,每7~10天施1次,连续使用2~3次。茄子在结果盛期时,要提高钾肥、钙肥、硼肥的用量。当下部叶片叶缘变黄、出现"镶金边"现象时,表明植株缺钾,要及时使用磷酸二氢钾、硝酸钾600倍液等肥料进行叶面喷施。

5.5 植株调整

采取连续摘心换头的整枝法:在门茄开始膨大时,及时摘去门茄以下的侧枝及老叶,只保留第一次分杈时分出的2条侧枝,进行双干整枝,结果期间这2条枝干上的其他侧枝也要全部打掉。待植株株高达到120厘米左右时,即2条枝干上都坐住3~4个茄子时,在顶端的果实前留1片叶摘心,然后培养顶端的旺杈作为生长点继续生长,新的生长点结2个茄子后再摘心,再培养一个新的旺杈继续生长。等到植株长到棚内钢丝高度时摘心后控制其继续生长,然后对侧枝不断摘心换头,分杈上的果实坐住后在果实前面留1片叶摘心,果实收获后剪掉该分杈,然后又出新的分杈、再留果,如此循环。要控制每条枝干上同一时期留3~4个果实即可,即每株6~8个果实最好,以保证茄子植株营养生长与生殖生长的平衡,保持连续结果能力。

5.6 保花保果

及时补充果实生长发育所需的营养元素,每亩冲施高钾型大量元素水溶肥(N~P~K为10~20~30)4~5千克,连续使用2~3次;叶面喷施含有钙硼等多种中微量元素的叶面肥,每10天喷施1次,连续喷施2次;同时可使用防落素30~50毫克/千克或25%复合型2,4-D 20~30毫克/千克或2.5%坐果灵20~50毫克/千克蘸花或喷花促进坐果,蘸花的最佳时期是花含苞待放时或刚刚开放时。

6 病虫害防治

6.1 病害防治

茄子结果前期易发生茎基腐病,用50%克菌丹可湿性粉剂800倍液+33.3%喹啉铜悬浮剂800倍液喷淋茎基部,每5~7天喷1次,连续用药2~3

次。晚疫病、绵疫病多在结果期发生,可用69%烯酰·锰锌1000倍液+25%嘧菌酯1500倍液等进行喷施,每5~7天喷1次,连续使用2次。灰霉病在低温高湿时发病重,及时去除凋谢的雌花是预防灰霉病的重要措施,喷施70%嘧霉胺可溶粉剂1500倍液或15%混合氨基酸铜锌锰镁水剂500倍液或50%氟啶胺悬浮剂1500倍液等。在灰霉病发生较严重时,一定要彻底清除病残体,然后在白天喷药、夜间用15%腐霉利烟剂熏蒸,效果更好。叶霉病发生时用40%氟硅唑乳油8000倍液或10%苯醚甲环唑水分散粒剂2000倍液等喷雾防治,每7~10天喷1次,连续使用2次。细菌性褐斑病、软腐病发生时用20%噻菌铜悬浮剂600倍液或33.3%喹啉铜悬浮剂800倍液等喷雾进行防治,每5天喷1次,连续使用2~3次。

6.2 虫害防治

茄子害虫主要有叶螨、蓟马、蚜虫、白粉虱等,春秋季节数量较多、冬季数量少,棚室内可以通过使用防虫网、悬挂黄色和蓝色粘虫板及使用捕食螨等来降低虫口数量,通过喷施43%联苯肼酯悬浮剂2000~3000液、阿维菌素2000倍液等防治叶螨,用10%吡虫啉可湿性粉剂1500~2000倍液、25%噻虫嗪水分散粒剂7500倍液等防治蓟马、蚜虫、白粉虱,每5~7天喷1次,连续喷2~3次。

日光温室冬春茬黄瓜栽培技术

1 品种选择

日光温室冬春茬黄瓜品种宜选择耐低温弱光、节成性好、抗病性强、生长势强、产量高的春夏全盛、博美88、博耐35以及由荷兰引进的"迷你"型黄瓜戴多星等品种。砧木选择易成活、抗病、抗逆性好,且不影响黄瓜品质、产量高的品种,"云南黑籽"南瓜或"白籽南瓜"。"黑籽"南瓜后熟期长,当年发芽率低,只有40%左右,宜选用采后1年的种子,其发芽率较高。

2 育苗

嫁接育苗是冬春茬黄瓜高产栽培的主要技术措施之一。嫁接可以提高对黄瓜土传病害的抵抗力,提高黄瓜根系的耐寒性和抗逆性,克服因重茬导致的土壤连作障碍。

2.1 播种期

冬春茬黄瓜以10月中下旬播种为宜。通常采用插接法嫁接,在黄瓜适播期内,砧木(即黑籽南瓜)的播期为:接穗(黄瓜)播种齐苗后播种砧木,一般较黄瓜约晚播5~7天。

2.3 种子处理

晒种:播种前将黄瓜、南瓜种子放在阳光下晒1~2天。并拣除破籽、霉籽、虫蛀籽。

温汤浸种:晒过的黄瓜、南瓜种子用55℃水浸种,保持恒温15分钟,然后加凉水使水温降至30℃继续浸种,黄瓜4小时,南瓜6小时左右。

南瓜晾种:黑籽南瓜在浸种时,应反复搓洗,除去种皮上黏液,浸种后放入室内,摊开放在草席上晾种13~15小时后播种,以提高发芽率。

催芽:在播种适期,黄瓜、南瓜种子不催芽播种。如错过播种适期,可进行催芽后播种。方法是:浸种时反复淘洗干净,淋去水分后,用纱布包裹或装入纱网袋用毛巾包裹,黄瓜种子放在25~28℃,南瓜种子放在30~33℃条件下催芽,每天用清水淘洗一次。黄瓜约需20小时,南瓜约需48小时。种子破壳露白即就可播种。

2.4 播种

2.4.1 适期播种

关中地区9月下旬~10月上旬播种为宜。

2.4.2 播种量

栽培每亩黄瓜需黄瓜种子200克,黑籽南瓜发芽率在80%以上种子2千克。黑籽南瓜后熟期长,最好使用第二年陈籽。

2.4.3 播种方法

砧木采用50孔基质穴盘育苗,接穗采用落水播种,苗床先灌足底水,待水渗下后,撒施垫籽土约2毫米,再均匀撒播种子。黄瓜播后盖土1厘米,南瓜播后盖土2厘米。先播种南瓜,待南瓜开始顶土,黄瓜种子进行浸种并晾种后播种。播种后苗床表面盖地膜保温保湿,于苗子顶土时去除地膜。

2.4.4 播后嫁接前管理

播种后至出苗前,温室内温度保持在30~35℃,齐苗后,尽量多见光,开始通风,温度白天降至25~30℃,夜间16~18℃,地温20~22℃。苗子顶土时,可撒一薄层"脱帽土";如果床面干燥,可先补喷水,再撒施脱帽土效果更好。出苗后5天喷一次75%百菌清600倍液进行防病。

3 嫁接及嫁接后管理

嫁接在温室内进行,苗床设在温室内。苗床上架设小拱棚。嫁接前将竹签、刀片和手等用70%的酒精消毒后即可嫁接。

3.1 嫁接时期

砧木南瓜高 7~8 厘米,真叶初露:接穗黄瓜苗苗高 6~7 厘米,真叶半展。南瓜苗龄约为 13 天左右,黄瓜约为 9 天左右。

3.2 嫁接工具

准备须刀片、竹签等自制专用工具。

3.3 嫁接时间

一般在晴天上午 10 时至下午 4 时进行,环境温度 25℃左右。嫁接前一天两者苗子均喷施一次 75% 百菌清 600 倍液。

3.4 嫁接方法

将接穗苗仔细从育苗床挖出,冲洗干净后备用。砧木摘心,然后用竹签,与水平方向成 45 度角,从右侧子叶的主叶脉,向另一侧子叶方向斜插一孔,插时手指要有感觉不透为原则,插后不拔竹签,放好备用。注意不要将胚轴裂开。选用粗细合适的黄瓜作接穗,在其子叶下 1.0~1.5 厘米处按照 45 度角切除根茎,再旋转 90 度,按照 45 度角切第二刀,使接穗切口呈楔形,把胚轴插入砧木孔内,嫁接后砧木与接穗子叶呈十字形。嫁接的一切用具要干净卫生,切口处不能沾有泥水,以防伤口感染。

3.5 嫁接后管理

将嫁接苗整齐摆放在苗床中,盖膜,灌水,最后扣好小拱棚,白天盖草苫遮阴。嫁接后苗床 3 天内不通风,苗床气温白天保持在 25~28℃,夜间 18~20℃;空气湿度保持 90% 以上。3 天后进行短时间少量通风。以后逐渐加大通风时间。嫁接后进行遮阴,早晚可以见弱光,每天缩短遮光时间 1 小时左右,7 天后逐渐去掉遮阴物,并开始大通风,白天床温保持在 20~25℃,夜间 12~15℃。若床温低于 12℃ 应加盖草苫。育苗期视苗情浇 1~2 次水,及时清除砧木萌生的侧芽和未成活苗,减少养分和水分无效消耗。

从嫁接成活后,进行大温差炼苗,白天保持 25~30℃,夜间可逐渐降至最低 8~5℃,以增强苗子抗性。以适宜的水分,充足的光照,加大昼夜温差,防止幼苗徒长。当嫁接苗长有3片真叶,即可定植。

4 定植

4.1 定植期

10月下旬至11月上旬。嫁接苗苗龄30~35天。适龄壮苗形态特征是生长健壮,株高10~13厘米,子叶完整、全绿。真叶3~4片,叶厚平展,大小适中,叶柄较短,叶色深绿且有光泽。茎粗起棱。根系洁白,根毛密生。根据苗态和天气情况决定具体定植日期,最好定植后有连续3个晴天为好。

4.2 定植前准备工作

4.2.1 整地施肥

冬春茬黄瓜从定植到采收结束长达8个月,生育期长,产量高,加之生长前期在低温条件下,植株对肥料吸收利用能力较低,所以,要达到高产优质,必须施足基肥,结合深翻整地施入,使肥料与土壤混合均匀。

定植前半月,每亩施充分腐熟优质农家肥6方、磷酸二铵30千克、硫酸钾30千克,进行深翻整地,深度30~40厘米。然后搂平耙细,达到南北水平。

土壤墒情差,可在定植前人工造墒,每亩灌水量约50方。定植前1~2天,亩施放10%百菌清和10%速克灵烟雾剂各500克,进行空间灭菌。

4.2.2 起垄

南北向起高垄,高垄面宽为60厘米,垄高15厘米,垄间距80厘米。将在高垄两侧定植两行黄瓜。

4.3 定植

4.3.1 定植密度

每亩定植3000株左右,即大行90厘米,小行50厘米,株距30厘米。

4.3.2 定植方法

选晴天上午定植,黄瓜定植以土坨面与垄面持平为好,定植后铺设滴灌带,浇定植水,灌水量以渗透垄面为度。定植后4~5天,选晴天灌一次缓苗水,水量要足,以渗透垄面为度。之后,合墒浅锄,整修垄面,覆盖地膜。

5 定植后管理

5.1 冬季管理

5.1.1 温湿度管理

定植后缓苗前不通风,保温被晚揭早盖,以保持较高温湿度,促进缓苗。保持白天温度28~30℃,夜间15~18℃。缓苗后至结瓜前,可揭开地膜,中耕浅锄2次,以促根控秧,以锻炼植株为主。深冬以保温为重点,白天室温25~28℃,夜间12~15℃,中午前后不要超过30℃。

进入结瓜期,按四段变温指标管理,揭帘后~14时,28±2℃,14时~盖帘22±2℃,前半夜17±2℃,后半夜13±2℃。晴天按上限指标,阴天按下限指标管理。深冬季节(即12月下旬至2月中旬)及阴天,光照较差时,可不通风或在中午前后短时小通风,以排湿换气。白天超过30℃通顶风,降到20℃闭风,降到15℃左右盖草帘,前半夜保持15℃以上,后半夜保持到13~11℃,早晨揭帘降到10℃,不低8℃即可。

5.1.2 光照管理

日光温室选用透光率高无滴膜 EVA(醋酸乙烯)多功能复合膜或 PO(聚烯烃)膜覆盖。黄瓜合理密植,前密后稀定植,及时调整生长点高度整齐一致不遮光。适时揭盖草帘,深冬揭帘时间:揭帘后温室温度下降1℃,约10~15分钟后回升为宜,下午25℃时关闭风口,温室温度下降15~16℃时盖帘。在保证室内温度前提下,尽量延长见光时间。阴天也必须揭帘见散射光。冬季光照弱,经常清洁前屋面,并张挂镀铝反光幕,反光幕幅宽1米,先将两个单幅用胶联结,在后墙高2米处东西拉一道16#铁丝,将反光幕挂设在铁丝上,向南稍倾呈85°。晴天中午,太阳光照强时,应把反光幕卷起,。一是防止近反光幕处强光高温烤苗,二是有利墙体吸热。每天夜间应卷起反光幕,以利墙体散热。

5.1.3 肥水管理

定植至坐瓜前一般不追肥。当留的第1瓜长达8~10厘米时开始灌催瓜水、施催瓜肥,每亩施磷酸二铵15千克、硫酸钾15千克或氮、磷、钾复合肥30~35千克,随水冲施,暗沟灌水,灌水后盖严暗沟地膜口,并注意通风排湿。于20天后进行第二次追肥灌水。滴灌采用速溶肥料,每亩灌催瓜水约30方。

水分管理上,除结合追肥浇水外,从定植到深冬季节,以控为主,如黄瓜植株表现缺水现象,可在膜下暗沟灌小水或滴灌灌水15方。灌水后几天内,加强白天通风排湿和夜间保温。

5.1.4 植株调整

黄瓜长到5叶后,茎蔓不能直立生长,此时需及时吊蔓,在后墙2米高处和前柱顶端东西各拉1道8#铁丝,在每行黄瓜上拉1道12#铁丝或22#钢丝,一般用聚丙烯绳吊蔓,在黄瓜根旁15厘米插一根长15厘米的细竹棍,吊蔓绳下端固定在细竹棍上,上端固定在铁丝上,将黄瓜蔓缠绕于绳上。

冬春茬黄瓜7~8节以下不留瓜,促植株生长健壮。深冬季节,对瓜码密、易坐瓜的品种,适当疏掉部分幼瓜或雌花。随缠蔓将卷须去掉。黄瓜蔓高2米以上,结合摘除老龄叶,进行落蔓盘秧,每次落蔓30~40厘米,植株高度控制1.7~2.1米,功能叶维持在15片左右。弱蔓直缠,强蔓曲缠,蔓不到落蔓标准时,可将个别高蔓适当进行调节与降低,使生长点整齐一致。植株生长旺盛者,瓜条适当晚采;生长势差,茎蔓弱植株的瓜条宜早采收。畸形瓜在幼瓜时及早疏掉。

5.1.5 二氧化碳施肥

深冬温度低、温室密闭不宜通风换气时,人工施放CO_2,使用浓度0.1%。施放方法是,每50平方挂设1个塑料桶,桶上口沿高于黄瓜生长点10厘米。把98%浓硫酸与水按重量1:2(体积1:4)稀释成稀硫酸。桶中先加水4千克,再称2千克浓硫酸缓缓倒入水中,并慢慢搅动。将"碳铵"用塑料袋包装,每袋350克,塑料袋底部用8#铁丝扎3~4个小孔,每个塑料桶中每天投放一包,投入后即发出"吱吱"声和似啤酒气泡,在1.5~2小时反应完碳铵为宜。晴天揭帘后半小时开始投料施放,并密闭温室,2小时后通风,阴天碳铵用量减半。施放过程中,加入碳铵后无气泡产生,说明硫酸已反应完,需另稀释硫酸。

5.1.6 灾害天气管理

阴雪天温度低,管理上要设法保温,防止低温冷害。当室内温度低于8℃时,可采用木炭火盆,地热线等临时加温。阴天温度不很低就要揭帘,多见散射光。尤其注意连阴雪天后骤晴,室温急剧上升,而地温上升却很慢,叶片大量蒸腾水分,由于根系吸收水分能力差得不到及时补充,会使叶片很快失水萎蔫。此时决不能采取通风降温,应采取反复回帘遮阴。否则,则极易使叶片失水发展到永久萎蔫,严重时会造成死亡。遇此天气,必须注意观察,发现萎蔫,立即回帘遮阴恢复后再揭,经几次反复达到叶片不再萎蔫转为正常管理。

5.2 春季管理

5.2.1 温光管理

2月下旬以后,气温回升,黄瓜进入结瓜盛期,应加强管理。3月初去除反光幕。要重视通风,调节室内温湿度,适时延长通风时间和加大通风口。黄瓜按四段变温指标管理,即一天当中,揭帘后至14时温度控制在28±2℃,14时~盖帘22±2℃,前半夜17±2℃,后半夜13±2℃。使温室内温度白天上午达到28~30℃,夜间13~15℃。外界温度稳定在12℃时,白天开始通底风,开始通底风时,先在前立柱处用地膜挂设内围裙遮挡,使底风缓缓进入温室。逐步减少草帘用量或缩短覆盖保温被时间,当外界夜间最低温度达15℃以上时,不再盖草苫,昼夜通风。高温强光天气,在通风的同时,早晨在前屋面薄膜上撒些细土或泥浆或白灰浆或利凉涂料等遮光降温,有条件者采用遮阳网降温。特别注意连阴雨后骤晴当天,采取回帘遮阴防止强光引起高温危害。

5.2.2 水肥管理

黄瓜结瓜盛期,需肥需水较多,应及时灌水和施肥,保证水肥供应,防止早衰。在开始通底风的同时,增加灌水次数。追肥可以随水冲施、穴施灌水、叶面喷肥。结合灌水每15天左右冲施或穴施一次化肥,每亩施尿素或磷酸二铵或硫酸钾15千克,并注意磷,钾肥的配合使用。叶面喷施1:1:300糖尿合剂或1:1:300的尿钾合剂,5~7天一次。3月份停止CO_2气肥的施用。

5.2.3 植株调整

由于冬季长期低温寡照,导致黄瓜生长势差,蔓细弱,节间短,叶片小,瓜条畸形,雌花过多,"瓜打顶"现象发生相当普遍。对此,必须及时摘除植株顶端幼瓜和过多的雌花及畸形瓜,以平衡营养生长与生殖生长,促使生长点生长。同时,加强水肥管理,还可喷施30毫克/千克"九二O"植物生长调节剂。黄瓜结瓜期须经常缠蔓和调整龙头高度,以利通风透光。落下的蔓要有规律地盘绕在垄面上,防止脚踏或水浸,盘蔓1圈直径约40厘米,每次落蔓盘绕半圈。

6　病虫害防治

冬春茬黄瓜易发生多种病害,要在加强栽培管理的同时,做好综合防治工作。在病虫害化学防治中,要选用高效、低毒、低残留农药,严格执行安全间隔期。为防治黄瓜霜霉病、灰霉病等病害,可选用普力克、金雷、克露、灰霉克、百菌清、多菌灵、施佳乐、适乐时、啶酰菌胺、嘧环·咯菌腈、逆生1号(辛菌胺醋酸铵盐)等药剂,在定植后轮换喷药,约每6～7天一次,冬春季阴雨天可施用烟剂熏蒸。白粉虱、蚜虫为害时,及时喷施吡虫啉、吡蚜酮、螺虫乙酯、阿维菌素、万灵等药剂。美洲斑潜蝇为害时,喷施1.8%的阿巴丁2000倍液,1.8%虫螨克1500～2000倍液进行防治。

7　收获

黄瓜果实达商品成熟时,及时收获。在结果盛期,为处理养生长与生殖生长的关系,生长旺盛的植株上须留1～2个生长的幼瓜,采取以瓜坠秧的措施,并适当晚采;生长势差,茎蔓弱植株的瓜条宜早采收。畸形瓜在幼瓜时及早疏掉,减少养分无效消耗。

精品甜瓜吊蔓栽培技术

1　品种选择

甜瓜品种类型多样,可以根据市场需求选择适宜品种。

厚光皮甜瓜类:果实单重1~1.8千克,圆形或椭圆形,含糖量14%~19%,果肉酥脆或绵软,生育期中等。代表品种有农大甜5号、农大甜6号、农大甜9号、农大甜10号、西蜜3号、金香玉、玉姑等。

哈密瓜类:果实单重1.5~4千克,橄榄形,含糖量13%~17%,果肉松脆,生育期长。代表品种有西州蜜25号、黄梦脆、纳斯蜜、农大甜8号等。

网纹甜瓜类:果实单重1~2千克,圆形,含糖量13%~16%,果肉绵软、多汁,生育期长。代表品种有玫瑰、鲁厚甜1号等。

薄皮甜瓜类:果实单重0.5~2千克,梨形、圆形或长棒形,含糖量10%~15%,肉质脆,有芳香气味,生育期短。代表品种有绿宝、羊角蜜、博洋6号、博洋9号等。

生产精品甜瓜选择的品种除了要求品质优良之外,还要具有耐低温、弱光,产量高,耐裂果,货架期长,抗蔓枯病、霜霉病、白粉病等特性。

2　设施要求

春季栽培对设施的保温性要求较高,特别是早春栽培要能在寒流来袭天气下设施内温度达到12℃以上,可以增设多层覆盖。立体吊蔓栽培还要求棚体结构坚固。设施内土壤理化性质良好,肥力中等以上,最好2~3年内未种过瓜类蔬菜。

3 栽培技术要点

3.1 整地施肥

前茬作物收获后及时深翻晒地,定植前半个月旋耕平整土地,每亩撒施粪肥3000千克、微生物菌肥40千克、三元复合肥50千克,中微量元素2千克,有地下害虫的田块每亩撒70%的敌克松原粉、辛硫磷颗粒剂各2～3千克,机耕翻旋均匀。南北向起垄,垄宽60厘米,垄距90厘米,垄高25～30厘米,垄上平行铺设2条滴灌带,春茬宜覆盖白色地膜保墒提温。

3.2 育苗

在保温性能好的温室或多层覆盖大棚进行,采用穴盘基质育苗。种子消毒处理,可采用55℃左右温水温汤浸种10分钟左右,也可用500倍的甲基硫菌灵、0.1%高锰酸钾或、40%福尔马林溶液或10%的磷酸三钠溶液浸泡30分钟,可以使种子表面病菌灭活。处理后用清水洗净种子,再常温浸种2～3小时,捞出来沥干水分后用湿毛巾包裹,在30℃环境中催芽,大约20小时左右芽长到0.3厘米即可播种。

苗床下铺设电热丝,基质装盘后灌透底水,水渗下后播种,播种时种子平放,芽尖朝下,覆土2厘米,覆盖地膜增温、保湿。

育苗期温度按照"三高两抵"管理。幼苗出土前,床温白天保持28～30℃,夜间18～20℃。出苗后及时去掉地膜,降低床温,防止幼苗徒长,保持棚内温度:白天22～28℃,夜间15～17℃。第一片真叶显露后,到定植前7～10天,白天保持棚内温度25～28℃,夜间15～18℃;定植前7～10天逐渐降低棚温,进行幼苗锻炼,白天保持20～25℃,夜间14～16℃。白天中午温度高时,要注意通风降温。育苗期间灌水可少量多次进行,注意避免阴雨天浇水。移栽前叶面喷施甲基硫菌灵、磷酸二氢钾、氨基酸肥,做到带药带肥定植。

病害重的田块种植甜瓜,需要以南瓜、西葫芦等专用砧木培育嫁接苗。

3.3 定植

当幼苗长至2叶1心、日历苗龄约35～40天时选晴天上午定植。定植时要求大棚内10厘米地温稳定在15℃以上,夜间地温在12℃以上。定植时用打孔器顺着滴灌带打定植穴,每垄双行,株距40~45厘米,行距30厘米,亩栽1800~2000株,将幼苗放入定植穴后覆土轻微压实根坨。定植完立即浇定根水,并加入黄腐酸原粉800倍促进生根。搭建多膜覆盖拱棚,压严棚膜各个通风口,2~3天内不通风。

3.4 植株调整

采用单蔓单果立体吊蔓种植模式,保留植株主蔓生长,蔓长30厘米时吊蔓,牵引瓜蔓向上生长。主蔓13~15节侧蔓留作结果枝,结果枝留1片功能叶摘心,其余侧蔓及时地分次摘除,只在主蔓25~28叶打顶时在顶部留一条侧蔓,顶部侧蔓可作为二茬瓜预备枝。

3.5 授粉

授粉有人工授粉、蜜蜂授粉、激素诱导3种方式。人工授粉:在晴天早晨8:00摘取盛开的雄花,剥去花瓣将雄花花粉涂抹在盛开的雌花柱头上,每朵雄花可涂抹2~3朵雌花。蜜蜂授粉:在雌花开花前趁夜间将蜂箱放入棚内,至少提前3天停止喷施农药,以保证蜜蜂安全,3~5天完成授粉后在夜间撤离蜂箱。激素诱导:可用1%氯吡脲可溶性水剂复配液处理子房,方法为授粉人员带手套轻捏侧枝,用小型喷雾器快速喷湿整个瓜胎,或将瓜胎快速浸入药液后拿出,选择当天开放或第二天将开的雌花瓜胎处理较好。

3.6 定瓜与吊瓜

授粉后6~8天即可选留瓜,每株有2~3个已授粉的瓜胎,除了小果型薄皮甜瓜每株留2~3个瓜胎之外,其余品种类型每株只选留1个瓜胎,其余瓜胎连同子蔓全部剪掉。选择瓜胎的标准是瓜面完整、光亮整洁,无明显机械或病虫害引起的损伤,无畸形果。瓜胎长至鸡蛋大小时即可用玻璃丝绳掉住瓜柄使结果侧蔓保持水平。

3.7 水分管理

甜瓜生长量大,特别是大果型甜瓜,对水分的需求量较多。缓苗期要保证水分的供给,保持土壤见干见湿,浇水要在晴天气温较高时进行,阴雨或低温天气保证垄面稍湿润即可。伸蔓期晴天灌水至土壤充分湿润,保证植株叶片中午不出现明显的萎蔫现象。授粉至瓜胎发育成幼果期间,保证水分充足但不溢出垄面,果面有网纹的品种在幼果膨大开始出现裂纹期间,严格控水,以免造成果脐部裂口或裂纹过深,网纹基本布满瓜面前后水分供给要及时,膨大期需要大量水分。增糖期保持根系土壤湿润。在雨水较多的时期,若出现蔓枯病或叶枯病病株,尽量控水以免病菌快速繁殖扩散。控水程度以不造成叶片明显下垂萎蔫为宜,也不宜浇水过多造成沤根。

3.8 养分管理

追肥方案决定于土壤类型、肥力水平、气候条件、品种、栽培密度与植株长势等。一般在伸蔓期追肥 1 次,果实发育期追肥 2 次。伸蔓期可随水追施少量尿素、搭配海藻素类或腐殖酸类有机水溶性肥料;膨果前期(幼瓜核桃大小时)追肥以尿素为主,配以硫酸钾和腐殖酸钾,膨果中期追肥以硫酸钾为主,少量氮肥即可。全生育期每亩随水共冲施尿素和硫酸钾各 15 千克,腐殖酸钾 8~10 千克。采收前至少提前 5 天停止追肥。

4 病虫害防治

设施甜瓜病害主要有蔓枯病、白粉病、霜霉病和叶枯病等,虫害主要有蓟马、蚜虫和白粉虱等。病虫害防止应根据"预防为主、综合防治"的方针,禁止使用禁用农药品种以及混配制剂,可参考《绿色食品禁用农药品种以及混配制剂》(NY/T393~2013)的要求,保证甜瓜产品达到安全质量标准。

4.1 综合预防

使用正规厂家生产并经检疫的种子,播种前晒种和种子消毒处理。利用夏季空闲高温闷棚消毒,大棚通风口增设防虫网,棚内悬挂黄板蓝板。科学管控棚室内温湿度,防止湿度过大,合理定植,防止郁闭通风不畅。轮作倒茬。底肥多施有机肥、菌肥,补充微肥,调理土壤养分和根际微生物菌群,提高植株抗性。

4.2 化学防治

蓟马和白粉虱可用22.4%螺虫乙酯悬浮剂1000～1500倍液或25%噻虫嗪水分散粒剂3000～5000倍液喷雾。蚜虫用1.8%阿维菌素乳剂1000倍液或10%吡虫啉可湿性粉剂1500倍液防治。

蔓枯病用42.8%氟菌 肟菌脂悬浮剂1500倍液喷雾,或40%的氟硅唑乳油100倍、45%咪鲜胺水剂150倍涂抹病斑部位。白粉病用25%腈菌唑乳油2000倍液、25%乙嘧酚悬浮剂1000倍液喷雾。叶枯病用75%百菌清可湿性粉剂600倍液、50%异菌脲可湿性粉剂1000倍液喷雾。霜霉病用72.2%霜霉威水剂600～800倍、72%霜脲锰锌可湿性粉剂600～800倍液喷雾防治。

5 采收

春季甜瓜授粉后35～45天成熟,成熟果实具有该品种特有标志,中心糖度达到15%～17%。采收宜在上午进行,用剪刀将结果侧枝与果柄剪成"T"字形以保持新鲜度,轻拿轻放,经分级后套上发泡网或汽柱,贴上品牌商标,装箱上市。

早春薄皮甜瓜设施栽培技术

1 品种选择

薄皮甜瓜栽培品种可根据各地消费者的喜爱,选择品质好,较抗病的品种,关中地区可选择青香脆玉、高石脆瓜、千玉6号、绿宝等品种。

2 培育壮苗

2.1 适期播种

薄皮甜瓜早春茬及春提早栽培,采用基质穴盘育苗,苗龄25~30天,生理苗龄达到2叶1心。育苗播种期根据设施栽培定植期向前推算30天播种育苗。

2.2 种子处理

播种前种子进行温汤浸种,具有种子消毒和加速种子萌发的作用。把种子装入纱网袋,放入种子体积4~5倍55℃温水中,边搅边续加开水,使水温保持在55℃恒温15分钟之后,加入凉水降至30℃,继续浸泡2小时左右,捞出种子用清水反复清洗干净,放在28~30℃环境下催芽20~24小时,有80%种子露白即可播种。

2.3 播种育苗

早春茬及春提早甜瓜栽培,需在全年低温弱光的1~2月份育苗,应选择在温室进行。采用基质穴盘育苗,苗床铺设地热线,功率每平方80~100瓦,基质经预湿后,装入50~72穴孔穴盘,将穴盘整齐排放在地热线上。选晴天上午播种,每穴压孔深1.5厘米,播种子1粒,种子平放,芽尖朝下,覆盖基质厚1厘米,再次喷水后覆盖地膜保温保湿。

2.4 苗床管理

出苗前白天温度保持30~35℃,夜间温度保持18~20℃为宜。夜间温度低于15℃,开通地热线加温,使最低地温保持在16℃以上。幼苗顶土时取除地膜,出苗后以控为主,适当通风,防止发生徒长(高脚苗),白天温度控制22~25℃,夜间13~15℃。第1片真叶显露后根系生长加快,花芽和叶芽大量分化,进行较高温管理,促进幼苗健壮生长,温度白天保持25~30℃,夜间15~18℃。定植前一周,逐渐加大通风,降低温度,白天温度控制在20~25℃,夜间温度由15℃逐步降至9℃进行大温差炼苗。

育苗期间光照弱,尽量让苗子多见光,基质穴盘育苗水分蒸发量大,下渗快,容易出现缺水,发现中午叶片萎蔫即表示缺水,就需喷水。晴天约2~3天左右喷水1次,于晴天上午喷水,以浇透基质为宜。喷水后注意通风排湿,空气相对湿度控制在50%~60%。

甜瓜秧苗苗龄30天左右,下胚轴粗短,子叶节离地面3~4厘米,子叶完整;真叶3片,叶片厚,平展,叶柄短,深绿而有光泽。根系发育良好,根系洁白,地上部和地下部均无损伤,无病虫害,达到壮苗就可以定植。

3 配方施肥

薄皮甜瓜宜采用吊蔓栽培。选择透光好、保温性强的日光温室和空间较大(跨度6米以上,高度在2.5米以上)、骨架坚固的塑料大棚,以利于多层薄膜覆盖保温和棚室内安装吊蔓钢丝。前茬收获后及时清理残枝落叶后,定植前约20天,每亩施充分腐熟优质腐熟农家肥5方,过磷酸钙50~75千克或磷酸二铵20千克,硫酸钾30~35千克,隔年施用硫酸锌、硼砂微量元素各500克,随之深翻30~35厘米,进行第一次水平整地。若地墒差,此时可人工造墒,每亩灌水量约30方左右,之后密封温室7~10天,进行高温杀菌。

定植前3~5天,每亩施入尿素20千克,50%多菌灵可湿性粉剂3千克,3%辛硫磷颗粒剂2千克,随即进行第二次深翻(旋地),深度15厘米,进行第二次水平整地,温室内达到南北水平。在两次水平整地基础上作垄,以宽1.5

米或1.6米划分栽培带,每栽培带1垄1沟,垄为梯形,垄面宽70厘米,高15厘米的梯形高垄;垄沟口宽80~90厘米。在定植前一天夜间再施放百菌清烟剂500克每亩进行杀菌。

4 适期定植

4.1 定植时期

设施早春茬、春提前甜瓜栽培,根据设施内温度和秧苗状况及天气情况来确定。一般当设施内10厘米地温连续5天稳定12℃以上,选择"冷尾暖头"时的晴天中午定植。关中地区日光温室早春茬约在1月下旬定植,大棚春提早栽培,三膜覆盖大棚约在2月中下旬定植,单膜春提早栽培约在3月上旬定植。

4.2 合理密度

定植密度2000~2200株每亩,即大行90厘米,小行60~70厘米,平均株距40厘米左右。按"五步法"定植,即开沟→灌水→摆苗围土→再浇水→覆土埋沟。在100厘米宽垄面两侧开2条定植沟,沟距60~70厘米,深7厘米,先顺定植沟灌水,接着按株距40厘米摆苗,围土稳苗,再在甜瓜土坨周围浇足水,水渗完后将原高垄从中间破开,埋沟起小垄,按甜瓜行培成两个等高的小垄(小垄之间盖地膜后为暗沟),垄高15厘米。而后再覆盖幅宽130厘米地膜。甜瓜定植以土坨面与垄面持平为好,灌水量以渗透栽培垄面为度。采用滴灌棚室,定植之后埋平定植沟,复原梯形垄,顺甜瓜行铺设滴灌带后盖地膜。

5 定植后管理

5.1 温度与光照调节

定植后约需5~7天,为了促进缓苗,保持较高温度,白天应保持在26~35℃,夜间不低于13℃,地温15℃以上。保温被应适当晚揭早盖,大棚内进行小棚二层三层膜覆盖保温,缓苗后,开始通风排湿降温。

缓苗后至伸蔓期,为了防止茎叶徒长,促进根系生长,可适当降低温度,白天温度保持25~28℃,夜间温度保持在13~17℃,中午温度超过30℃时,适当通风降温,温度低于25℃时关闭风口,午后温度降至20℃C时温室盖保温被、大棚盖二、三层薄膜。随温度上升,保温被和二、三层薄膜逐步早揭晚盖或减少覆盖。

结果期既需要较高温度和较大温差,又要求较强光照条件。开花坐果期白天温度保持25~30℃,夜间15~18℃,高于35℃和低于15℃都会影响甜瓜的正常坐果。果实膨大期白天温度保持在27~35℃,不超过35℃不通风,夜间13~18℃,加大昼夜温差。果实成熟期,白天温度28~30℃,夜间温度不低于15℃。

5.2 水肥管理

甜瓜定植缓苗后,根据苗态、土壤墒情,可在晴天灌1次缓苗水;缓苗后至伸蔓期,需要水分少,要控制灌水,浅锄保墒,进行蹲苗。甜瓜进入伸蔓期,需水量逐渐增加,伸蔓期需灌水1次。开花坐果期保持土壤和空气湿润,土壤见干见湿,促进坐果。瓜坐稳之后开始膨大,植株需水量大,适当增加灌水次数和灌水量,满足果实发育对水分的需要,但也不可一次灌水过大,造成地面积水。膨大后期开始控制灌水量,采取前10天停止灌水。

伸蔓期根据甜瓜长势,可随水追施少量尿素和硫酸钾。膨果期,穴施或随水冲施尿素20~25千克每亩,硫酸钾15~20千克每亩。第二批瓜追肥,在第一批瓜膨大定个后进行,结合灌水每亩追施尿素15千克左右,硫酸钾15千克左右。如果4月中旬以后灌水,外界气温稳定在15℃以上,结合通底风,就可以大、小行均可灌水。

6 单蔓整枝

甜瓜生长到5叶以后,茎蔓不能直立生长,需要及时吊蔓。利用设施墙体和骨架,在每行甜瓜上方2米高处拉1道22#钢丝,在甜瓜根旁10厘米处插一根长15厘米的细竹棍,吊蔓绳下端固定在细竹棍上,上端固定在钢丝上,将甜瓜蔓缠绕于吊绳上。随着茎蔓生长经常及时缠蔓整枝。

主蔓单蔓整枝:适用于子蔓结瓜品种,主蔓1~8节子蔓全部去除,主蔓

9~14节子蔓留作结果预备蔓,坐果后子蔓瓜前留1叶摘心。其余子蔓及时摘除。在第1批瓜膨大后,第2批雌花开放,可在主蔓上部约25节再保留3~4条子蔓结果,主蔓约在30节以上摘心。

子蔓单蔓整枝:适用于孙蔓结瓜品种,主蔓3叶时摘心,留1条健壮子蔓,子蔓长到5片叶时开始留孙蔓结瓜,孙蔓瓜前留1叶摘心,单株留瓜4~5个,子蔓顶端留1条孙蔓放任继续生长,8片叶再次摘心,预留2次结果。

7 蜜蜂授粉

每亩2箱蜜蜂,甜瓜始花前1~2天授粉蜂进场,放入阴凉通风处或搭建遮阴棚,同时垫高箱底。蜂箱旁放置1个盛水容器,每天更换清水,在水槽里面放置一些草秆或小树枝等,以便蜜蜂饮水。棚室通风口覆盖40目防虫网,门口封闭严密。

8 选瓜留果

授粉后约5~10天,当幼瓜果实达到鸡蛋大小时进行选瓜。选果形周正、果柄较粗、生长健壮的果实保留。小果型品种,单蔓整枝的植株第1批只保留3~4个果,其余应及时疏除,第2批保留2~3果。大果型品种(如高石脆瓜),每株每次只留1个果实。

大果型品种(如高石脆瓜),以减轻甜瓜茎蔓的负荷,避免果实增大而出现的"坠秧"现象,当幼瓜长到150克左右时吊瓜。吊瓜可用聚丙烯绳系在果柄上,连同果枝一起吊在吊蔓铁丝上;也可以用网兜吊瓜。吊瓜高度略低于结果枝着生主蔓节间的高度为宜。

9 适时采收

当果实达到本品种应有大小,表现为品种果实固有色泽,有香味品种散发出浓郁的香气,食用品质达到或接近最佳时,即为充分成熟。生产实践中,人们常用果实发育天数(结果雌花开放到果实成熟天数)结合上述指标判断甜瓜成熟度。但在光照弱、温度低的条件下果实成熟期会延长。

关中地区塑料大棚早春西葫芦高效栽培技术

1　品种选择

选择抗病、优质、高产、抗逆性强、商品性好、适合市场需求的品种。

2　穴盘基质育苗

陕西关中地区西葫芦塑料大棚早春栽培,一般在2月中下旬播种育苗。

2.1　穴盘基质

穴盘一般选用50孔规格,对于新购置的穴盘,用洁净的自来水冲洗数遍,晾干后即可使用;对于重复使用的穴盘可用40%福尔马林100倍液浸泡15~20分钟,然后在上面覆盖1层塑料薄膜,密闭7天后揭开,用自来水冲洗干净即可使用。一般选用瓜菜育苗专用商品基质。

2.2　种子处理

用清水浸种4小时,捞出用10%磷酸三钠浸种15分钟,然后洗净药液准备催芽。

2.3　浸种催芽

将饱满种子放入纱网袋反复用清水冲洗揉搓,在通风处晾干种子表皮水分后,用湿布包起放在25~30℃处催芽,每隔12小时清水清洗1次。70%种子芽长0.2厘米时即可播种。

2.4　播种

选晴天上午播种,播种孔打在穴盘的正中央,深度以1.5厘米为宜。种子平放入穴盘播种孔,一穴一粒,再用基质盖好刮平,整齐地排放在苗床上。播种深度以1厘米为宜,不宜超过1.5厘米。

2.5 苗期管理

管理重点增温保温,用反光幕或补光设施等增加光照;播种时水要浇足,以后视墒情适当浇水。苗期以控水控肥为主,在秧苗2~3叶时,可结合苗情追0.3%尿素。壮苗标准:子叶完好、茎基粗、叶色浓绿、下胚轴较短,无病虫害。

3 定植前准备

3.1 整地施基肥

一般每亩施充分腐熟的有机肥5000千克、加施过磷酸钙50千克或磷酸二氢铵20千克,硫酸钾30千克,三元复合肥50千克。平整地块做成宽100厘米、高20厘米的垄,并覆黑色地膜。

3.2 大棚消毒

大棚在定植前要进行消毒,每亩设施用80%敌敌畏乳油250克拌上锯末,与2~3千克硫黄粉混合,分10处点燃,密闭一昼夜,通风后无味时定植。

4 定植

4.1 定植时间

在地下10厘米最低土温稳定通过12℃后定植。

4.2 定植

选择晴天的上午进行,根据品种特性、设施条件及栽培习惯,一般每亩定植1500~1700株。

5 田间管理

5.1 温度

缓苗期:白天28~30℃,晚上不低于18℃。

缓苗后:白天20~25℃左右,夜间不低于13℃。

5.2 光照

采用透光性好的耐候功能膜,保持膜面清洁,尽量增加光照强度和时间。

5.3 空气湿度

根据西葫芦不同生育阶段对湿度的要求和控制病害的需要,最佳空气相对湿度的调控指标是缓苗期80%~90%、开花结瓜期70%~85%。

5.4 肥水管理

5.4.1 膜下滴灌

定植后及时浇水,3~5天后浇缓苗水,根瓜坐住后,结束蹲苗,浇水追肥,一般每10~15天浇1次水,而且要选晴天的中午进行。土壤相对湿度应保持在60%~70%。

5.4.2 追肥

根据西葫芦生长势和生育期长短,按照平衡施肥要求施肥,适时追施氮肥和磷、钾肥。同时,应有针对性地喷施微量元素肥料,根据需要可喷施叶面肥防早衰。

5.5 植株调整

5.5.1 吊蔓

当植株长到8片叶左右时开始吊蔓,充分利用空间的光、热条件,有利于植株生长和以后的授粉、施药、采瓜等农事操作。

5.5.2 摘除侧枝、打底叶及疏花疏果

及时摘除侧枝、病叶、老叶、畸形瓜要及时打掉,有利于通风透光,并且立

即喷洒农用链霉素或加瑞农等药剂以防止病菌侵染。若雌花太多应及时进行疏花疏果,长势弱的植株及早摘除根瓜,以后每3节留1个雌花;长势强的植株可保留根瓜,但时间不要太长,以后每2节留1个雌花。

5.6 授粉

授粉采用人工授粉或化学激素处理。人工授粉,上午7~10时进行,选择当天开放的雄花给当天开放的雌花授粉,每朵雄花可授2~3朵雌花。化学激素处理,开花当天上午7~10时用毛笔蘸取赤霉素20~30毫克/升混合液涂抹柱头,最好在药剂中掺入多菌灵等杀菌剂,防止病菌侵染。使用激素时要注意溶液浓度,晴天温度高,溶液浓度要稍微低一些,阴天溶液浓度要稍微高一些。或用一葫喷10毫升兑水15千克,叶面喷施,5~7天一次;重点喷施小瓜妞和生长点。

6 病虫害防治

西葫芦的主要病害有:白粉病、病毒病、褐腐病、疫病、黑星病、灰霉病;西葫芦的主要虫害有:蚜虫、白粉虱、红蜘蛛、美洲斑潜蝇等。

按照"预防为主,综合防治"的植保方针,坚持以"农业防治、物理防治、生物防治为主,化学防治为辅"的无害化治理原则。

农业防治:针对主要病虫害发生情况,选用高抗品种;通过培育适龄壮苗、进行低温炼苗等措施,提高植株抗逆性;通过放风等措施,控制好不同生育时期的适宜温度,避免低温和高温的危害;通过地面覆盖、滴灌或暗灌、控制浇水量、通风排湿、温度调控等措施控制空气相对湿度在最佳指标范围;尽量给予充足的光照,提高二氧化碳浓度,以满足植株生长的需要。将残枝败叶和杂草清理干净,集中进行无害化处理,保持田间清洁,以消除和减少侵染性病虫害的传染源;与非瓜类作物轮作3年以上。测土平衡施肥,增施充分腐熟的有机肥,少施化肥,防止土壤盐渍化。

物理防治:大棚的放风口使用防虫网封闭,防虫栽培,减轻病虫害的发生;悬挂黄板诱杀蚜虫、白粉虱等害虫。规格为25厘米×40厘米的黄板,每亩需悬挂30块~40块;铺银灰色地膜或张挂银灰膜膜条避蚜;夏季宜采取闷棚措施,利用太阳能对土壤进行高温消毒处理;利用频振杀虫灯、黑光灯、高压汞灯、双波灯诱杀害虫。

生物防治:用丽蚜小蜂防治白粉虱,用浏阳霉素防治红蜘蛛等。

化学药剂防治:蚜虫用50%抗蚜威可湿性粉剂4000倍液喷雾防治,或用2.5%溴氰菊酯乳油1000~1500倍液喷雾,喷洒时应注意叶背面均匀喷洒;白粉虱、烟粉虱用10%吡虫啉或3%啶虫脒可湿性粉剂1000~1500倍液或25%阿克泰水分颗粒剂3000~5000倍液喷雾;美洲斑潜蝇掌握在幼虫2龄前,用1.8%阿菌素乳油3000倍液,或5%锐劲特悬浮剂,每亩用17~34毫升,加水50~75升喷雾。白粉病用40%氟硅唑乳油8000倍液喷雾或用50%醚菌酯水分散粒剂2500倍液喷雾。灰霉病用50%腐霉利可湿性粉剂1000倍液或10%多抗霉素可湿性粉剂600倍液喷雾。霜霉病、疫病用72.2%普力克水剂800倍液,或72%克露可湿性粉剂800倍液,或69%安克锰锌可湿性粉剂500~1000倍液,或72%克抗灵可湿性粉剂800倍液喷雾;病毒病用5%菌毒清水剂400倍液,或0.5%抗毒剂1号水剂300倍液或20%毒克星可湿性粉剂400~500倍液喷雾。

7 采收

根据当地市场消费习惯及品种特性,及时分批采收,确保商品瓜品质,促进后期植株生长和果实膨大。根瓜应适当提早采摘,防止坠秧。

关中地区迷你玉南瓜塑料大棚早春高效栽培技术

1 迷你玉品种特性

迷你玉为早熟小果型南瓜品种,生长势较强,株幅55~60厘米,叶面有少量白色花斑,叶缘缺刻浅,叶色浓绿。瓜形偏圆形,雌花节位低、雌花多,瓜皮白色,单蔓可连续坐果3~4个,单瓜质量200~300克,连续坐果能力强;对病毒病和白粉病的抗性较强,耐低温、耐弱光性较强。适宜保护地栽培,播种后80~85天即可收获。耐贮性极佳,常温下可保存2~3个月,宜作装饰用,也可食用。

2 基质穴盘育苗

陕西关中地区迷你玉南瓜塑料大棚早春栽培,一般在2月中下旬播种育苗。

2.1 穴盘基质

穴盘一般选用50孔规格,对于新购置的穴盘,用洁净的自来水冲洗数遍,晾干后即可使用;对于重复使用的穴盘可用40%福尔马林100倍液浸泡15~20分钟,或用2%次氯酸钠水溶液浸泡2小时,然后在上面覆盖1层塑料薄膜,密闭7天后揭开,用自来水冲洗干净即可使用。一般选用瓜菜育苗专用商品基质,育苗基质的基本要求:疏松、保水性好,基质符合农业部相关标准要求。

2.2 种子处理

种子上可能带有枯萎病、炭疽病、疫病等多种病原菌,因此一般多采用温

汤浸种和其他种子表面消毒的方法处理种子,可选用以下任意一种方法:

晒种:浸种之前需对种子进行必要"晒种"处理2~3天。主要作用是,利用紫外线杀死种子表面部分病菌,杀死种子表面所带病菌。

温汤浸种:将干种子浸入55℃温水中浸约15分钟,期间不断搅拌,种子和水体积比例为1:5,边浸边搅拌至25~30℃时,停止搅拌。

药剂浸种:用1%高锰酸钾溶液浸种20~30分钟,或用10%磷酸三钠溶液浸种15分钟;消毒后用清水洗净种子。

2.3 浸种催芽

消毒处理后的种子在常温水下用水浸泡6~8小时后,将饱满种子放入纱网袋反复用清水冲洗揉搓,直至将表皮黏膜去除,在通风处晾干(甩干)种子表皮水分后,用湿布包起放在25~30℃处催芽,每隔12小时清水清洗1次。70%种子芽长0.2厘米时即可播种。

2.4 播种

选晴天上午播种,播种孔打在穴盘的正中央,深度以1.5厘米为宜。挑芽长基本一致的种子平放入穴盘播种孔,一穴一粒,再用基质盖好刮平,整齐地排放在苗床上。播种深度以1厘米为宜,不宜超过1.5厘米。过浅易导致种子戴帽,过深,出苗时间迟,苗子质量差。种子摆好后及时用水壶喷足水并覆盖一层地膜,以利保温保湿,幼苗顶土时及时去撤除地膜。

2.5 苗期管理

幼苗花芽分化的质量很大程度上取决于苗期的温度、光照管理;水分也是影响幼苗质量的一个重要因素。因此,做好温度、光照和水分管理十分重要。此期管理的重点,保温、降湿、增加光照,及时防治低温、高湿引发的苗期病害。具体的苗床温度、光照、水分、营养管理如下:

2.5.1 温度管理

一般是播种到子叶出土前使育苗床内的白天温度尽可能维持在25~30℃,夜间18~20℃;床内保持较高的温度,加快出苗速度,最好使幼苗7天内出齐,否则幼苗质量会受到影响。子叶出土到第一片真叶出现,适当通风,降低温度和湿度;一般温度管理白天温度20～25℃,夜间13～15℃。此后随天气的变化逐步加大通风和延长光照时间,并逐渐降低气温。在定植前1周进行炼苗,白天15～25℃,夜间6～8℃。幼苗的环境条件应尽可能与定植田环境条件一致,以利于定植后缓苗。

2.5.2 光照管理

幼苗出土后要及时让其充分见光,为提高光照强度,应及时清除覆盖物上的杂物和尘埃。

2.5.3 水分管理

出苗后要根据含水量情况及时浇水,当基质表面呈干燥疏松状态时及时进行浇水,遇阴雨天可适当减少浇水次数。移栽前一天适量浇水,保持基质整体湿润,便于起苗移栽。

2.5.4 苗期病害防治

第1片真叶露出前后,为了预防苗期病害(猝倒病、立枯病等),用72.2%霜霉威水剂600～800倍液或2%氨基寡糖素水剂1500倍液喷雾,每隔5～7天喷1次,交替用药1～2次。

3 定植

3.1 整地施肥

定植前10～15天施基肥,每亩施充分腐熟的农家肥5000千克,磷酸二铵50千克、硫酸钾30千克,硼肥1千克,锌肥1千克。一般采用地面撒施的方法,将有机肥和化学肥料均匀地撒施在地面上。也可采用地面撒施和开沟集中施肥相结合的方法,将60%的肥料撒施在地面上,剩余的肥料按行距开沟施入,并与土混匀。结合施肥整地,每亩用地菌净或多菌灵2～2.5千克、辛硫磷0.5千克拌成毒土,全部均匀撒在地里,深翻30厘米后耙平,以便减少病虫危害。

3.2 起垄覆膜

定植前5～6天起垄覆膜。采用膜下滴灌,等行距起垄,行距70厘米,垄面宽10厘米,底宽25厘米,高10~15厘米,每垄定植1行,垄上铺设滴灌带,滴灌带上铺设地膜。

3.3 大棚消毒

在定植前要进行大棚消毒,定植前1天,在夜间施放百菌清烟剂进行杀菌,每亩0.5千克;密闭一昼夜,通风后无味时定植。施用前要关闭气窗和通风口,选定5个放烟点,点火不能用明火,先将烟雾摆放均匀,按从里到外的顺序依次点燃。

3.4 定植

整地前应彻底清理大棚内外杂草、杂物,翻晒土壤15天以上。当棚内10~15厘米土壤温度稳定在12℃以上,即可定植。陕西关中地区迷你玉南瓜塑料大棚早春栽培,一般在3月上中旬定植。定植宜选择无风、晴天的上午进行,阴天、有寒流的天气不能定植。采取单蔓整枝、单行定植的方法,行距100厘米、株距50厘米,定植密度1300株/亩。定植时在地膜上打孔,孔深5~6厘米,先从育苗盘中把苗取出定植于孔内,定植完毕用滴管及时浇水。

4 定植后管理

4.1 温度管理

定植后4~6天,白天棚内温度保持在28~30℃,不超过35℃可以不通风,夜间棚内温度保持在16~20℃,提高棚内土壤温度,促进缓苗。缓苗后至坐瓜前,适时通风,棚内温度白天保持在25~28℃,夜间保持在15~18℃。开花授粉期,棚内温度白天保持在22~25℃,夜间保持在12~15℃。结果期,棚内温度白天保持在28~30℃,夜间保持在15℃左右。温度过高、过低都不利于坐瓜,并且容易造成化瓜现象,后期容易引发病害。

4.2 水肥管理

缓苗前,一般不再浇水。缓苗后,根据生长情况,可适时浇水,促进幼苗生长。开花坐果前,一般不需要追肥,若植株长势较弱,可根据植株长势,追施少量氮肥。前期要适当控制肥水,防止植株生长过旺;开花坐果后,逐步加大水分供应,结合浇水进行追肥;一般在结果期需追肥3~4次,选择水溶性肥料溶解后经滴灌带施入。追肥时可将速效硫酸钾和复合肥($N:P_2O_5:K_2O$ 为21∶8∶12)按1∶2混合,浓度为1.5%,每株800~1000毫升。也可选瓜类专用生物有机液肥,每隔4天追施1次,连续追施2次。

4.3 吊蔓

迷你玉生长势较旺,在株高40厘米时要及时吊蔓。引蔓时间最好选择在下午,叶片蒸腾失水后,瓜蔓韧性好,不易损伤。用吊蔓绳宽松地绑在秧苗的基部或固定在地上,然后将瓜蔓顺时针缠绕在吊蔓绳上,将吊蔓绳绑在铁丝上。

4.4 整枝

迷你玉南瓜主蔓结瓜,一般采用单蔓整枝法,即保留一根主蔓,及时摘除侧蔓。摘除侧枝时用剪刀剪除,防止损伤主蔓。整枝宜在晴天进行,整枝后需及时喷1次杀菌剂,有效控制病害,减少病害的发生。及时整枝打杈,以利于提高坐果率。

4.5 授粉留果

熊蜂授粉,可以大大节约人工成本,提高授粉效率。每亩放置熊蜂标准箱1个,蜂箱放置在距走道3~5米的南瓜中,距地面30~50厘米,上面盖遮阳板。熊蜂授粉前应停止使用农药,及时通风防止棚内温度过高影响熊蜂授粉作业。人工授粉在雌花开放当日6∶00~10∶00授粉,当雌雄花完全开放时,采摘开放的雄花,剥离花瓣,露出雄蕊,均匀涂抹在雌花的柱头上,1朵雄花涂抹2~3朵雌花。注意人工授粉后的花朵不能丢弃在植株叶面上,因棚内温湿度较高,花朵软化后容易造成叶片腐烂。应选留10节以上的雌花留果,可连续选留5~6个雌花授粉坐果,当幼果长至鸡蛋大小时,选留4~5个颜色鲜嫩、形状匀称的幼果,摘除其余幼果及侧蔓。

5 病虫害生态防控

迷你玉南瓜主要病害有灰霉病、白粉病;主要虫害有蚜虫、烟粉虱。对病虫进行综合防治。按照"预防为主,综合防治"的植保方针,坚持防控理念,且在关键防治期用药,减少农药使用并交替用药,确保南瓜食用安全。可采用农业防治措施,不同作物种类间轮作倒茬。物理防治措施包括利用黄板、频振杀虫灯、糖醋液、性诱剂等诱杀害虫,利用防虫网隔离害虫,利用银灰膜驱避蚜虫等。生物防治措施可采用释放天敌,如捕食螨、寄生蜂等。化学防治应选用高效、低毒、低残留药剂,灰霉病可用50%腐霉利可湿性粉剂1500倍液,或25%嘧菌酯悬浮液1500倍液,或50%嘧菌环胺水分散粒剂1500倍液喷雾,间隔7~10天喷一次,连喷2~3次。白粉病可用20%三唑酮乳油2000倍液,或10%苯醚甲环唑水分散粒剂2000倍液喷雾,或29%吡萘嘧菌酯悬浮剂1500倍液喷雾,间隔7~8天喷一次,连喷2~3次。蚜虫可用2.5%溴氰菊酯乳油2000~2500倍液,或10%吡虫啉可湿性粉剂1500~2000倍液,或21%氰戊马拉松乳油3000倍液喷雾2~3次,间隔7~8天;烟粉虱可用25%噻嗪酮可湿性粉剂1500倍液,或1.8%阿维菌素乳油2000倍液,或25%噻虫嗪水分散粒剂3000倍液喷雾,2~3次,间隔6~7天。

6 适时采收

一般开花后30~35天,果皮变硬有蜡质化感,果柄木质化,及时采收,促进后面果实的生长、发育,提高产量。采收工作宜在上午进行,留3厘米果柄,采收下来的瓜放在阴凉通风处保存。

洋葱高产栽培技术

1 品种选择

应选择商品性好、抗病、高产的优良品种。

2 播种育苗

洋葱均采用育苗移栽方式进行生产。栽培1亩地的用种量为500克,需育苗床面积为一分地。洋葱秋季育苗对播期要求严格,播种过晚,幼苗细小,不便越冬,产量也低。播种过早,幼苗粗大,易发生未熟抽薹现象。洋葱适宜越冬的生理苗龄是,植株3~4片真叶,高20~30厘米,茎粗0.6~0.9厘米。播种时间一般都是在九月份的上中旬,苗龄60天左右时可移栽。播种后,要经常保持苗床土壤湿润,并及时拔除杂草。

3 定植

定植前结合整地施足底肥,一般每亩施入优质腐熟鸡粪1000千克、磷肥100千克、碳铵50千克、硫酸钾30千克。定植时株行距保持13厘米×20厘米,每亩栽苗2.5万~3万株。选壮苗进行定植,注意洋葱苗留根1~1.5厘米,其余剪去。采用地膜覆盖平畦栽培,每畦栽7行。

4 定植后管理

定植后浇1次缓苗水,以便完全越冬。越冬后3月初再浇1次水。4月份植株即进入叶片生长旺期,每隔20天左右浇1次水,结合浇水每亩每次追施尿素10千克、硫酸钾5千克。当鳞茎开始膨大时,适当蹲苗7~8天。蹲苗后,每 6 天左右灌 1 次水,灌水时间以早晨为好。收获前 7 天停止浇水。

5 病虫害防治

洋葱生长期病害主要是灰霉病、霜霉病。防治时,可从 4 月中旬开始,选用 50% 速克灵 1000 倍液、50% 多菌灵 500 倍液、50% 农利灵可湿性粉剂 1000 倍液,轮换交替使用,连续防治 2~4 次。地上害虫主要是葱蓟马,一般从 5 月份开始大量发生,可使用 50% 马拉硫磷乳油 1000 倍液进行喷洒防治。地下害虫主要是地蛆,在浇返青水时,用 50% 辛硫磷乳油随水施药防治。

6 适时收获

当田间洋葱植株 50% 左右自行倒伏,鳞茎不再膨大时即可适时收获。收获后的洋葱有 2~3 个月的休眠期。为防止贮藏期间鳞茎发生萌芽,可在收获前 10~14 天、茎叶青绿时喷洒 2.5% 青鲜素乳剂 100 倍液。

秋季胡萝卜的高产栽培技术

1 品种选择

胡萝卜为半耐寒性蔬菜,关中地区秋季种植品种应选择早熟丰产,肉质根近柱形,黄心红肉,柱心细,根毛少,品质优的品种。

2 地块选择和整地起垄

2.1 地块选择

选择地势平坦土壤肥沃,排水良好,浇水方便的沙质地块。注意土壤中有较多石头的地块,不建议种植,会影响胡萝卜的光滑度。

2.2 整地起垄

播种前10天进行整地起垄。整地前施足基肥,一般亩施2000千克有机肥、40~50千克平衡复合肥和10~20千克硝酸铵钙肥,整地深翻30厘米左右,之后用大马力拖拉机旋耕1~2次,以土壤松软,无大块土为标准。起垄采用专起垄机单行高垄栽培,一般垄顶宽20厘米,垄高15~30厘米,垄底宽25~30厘米,垄距50~60厘米。若平畦栽培,一般畦宽1~1.5米不等,畦长根据地势和浇水条件而定,行距30厘米,株距10厘米。

3 播种

前期工作准备完成后,可根据当地时间开始播种,一般在七月中旬至八月中旬进行,分为高垄缠线播和平畦条播。

高垄缠线播需要提前用编种机编绳,亩需种子1.5万粒,约200克左右,这种方法方便、省时、省种子,建议选用,种距10厘米。

平畦条播是传统方法,多用于分散的小面积种植,其优点是操作简单,无须起垄,省工,缺点是根际土壤因多次浇水而变得紧实不透气,持水能力下降,不利于肉质根发育,且用种量大,后期间苗费工。条播时为确保撒播均匀,可在种子中加入3倍的半干细土一并播种,播种后均匀覆盖1.5厘米左右细土,再用木板轻拍,使种子与土紧贴,然后用稻草等覆盖,以防强光直晒或暴雨拍打,保持土壤湿润,亩用种量350~450克。

4 田间管理

4.1 前期(播种~出苗)

播种后立即浇一次水,要求完全浇透,在停水前30分钟冲一次杀虫剂氯氰菊酯20分钟,用清水再冲10分钟,然后停水,预防地下害虫,待地皮稍微见干后,使用除草剂进行封地除草,除草效果较好,除草剂可选用施田补,也可一并铺设滴灌带。

苗期,浇水原则地干就浇,但浇水时间不宜过长,见湿就行,直到出苗率达到八成以上,一般两周后出苗齐。胡萝卜长出真叶时会比较耐旱,可减少浇水次数等,苗高10~15厘米,4~5片真叶时开始间苗,留下健康粗壮的苗。间苗可适当滴水,方便间苗。间苗完成后浇一次中水,不要浇大水,进入蹲苗期。

4.2 中期(营养生长期:间苗后至7~8片真叶)

根据品种的生长特性进行控水蹲苗,一般早熟品种蹲15~20天,中晚熟品种蹲10~15天,促进胡萝卜根系下扎,从而使产量增加。有些国外品种由于本身生长特性,不需要蹲苗或长时间蹲苗,因此蹲苗要根据种植品种特性决定。配合蹲苗,进行中耕培土。中耕原则是一遍浅,一遍深,一次比一次远离主根。每次中耕根据萝卜生长状况培土,防止胡萝卜青头,提高商品率。

蹲苗期间要注意叶斑病和白粉病等病害,防治发病适温在25~28℃,相对湿度及98%或连阴雨天气、灌水过量时易发病。发病初期可喷施60%百泰水分散粒剂,主要成分5%吡唑醚菌酯,55%代森联;杀菌剂间隔15天,喷施凯润保护性杀菌剂,主要成分吡唑醚菌酯;如后期出现叶斑病,可用健达治疗,主要成分,唑醚和氟酰胺。

4.3 后期(地下根膨大期)

地下根膨大时开始浇水追肥,高钾肥料分三次施入,平均十天一次,每次每亩20千克。在第二、三次施肥过后,可进行松沟,保持土壤透气性,后期需要防治白粉病,防止死叶形成黑眼圈。

5 采收

根据市场信息,随时采收上市。

清水莲菜无公害栽培技术

1 选地建池

选择交通便利,地势平坦,排灌方便,土壤 pH 5.6~7.5,有机质含量高的沙壤土地块建池。建池规格一般为 200~300 平方米,深度 50~60 厘米,宽度 5~6 米,池底整平、夯实,并用厚 0.08 毫米的整块优质农用薄膜衬砌池底及四周,以不漏水为准。为节约建池时间及费用,可用机械挖坑池,人工建小池。

2 整地施肥

结合深耕平整土地,亩施腐熟的鸡粪 4000 公斤或猪粪 5000 公斤,豆粕或菜粕 100 公斤,留老根生物菌肥 50 公斤,磷酸二铵 100 公斤,硫酸钾 30 公斤混合后深翻整地。

3 品种选择

选择节间短粗,藕头圆整的早熟、优质、抗病、高产品种,适宜的优良品种。

4 栽植时期

栽植时气温应稳定在 12℃以上,10 cm 地温稳定在 10℃以上。适宜我市栽植时间一般约在 4 月 5~10 日栽植。

5 栽植方法

播种时,将莲菜种按早熟品种行距 1.2 米~1.5 米,株距 0.7 米~1 米;晚熟品种行距 1.2 米~1.5 米,株距 1 米的要求先摆后栽。栽时挖一条深 15 厘米的定植沟,将藕头向下,藕梢朝上,与地面呈15度角放在沟内,藕体上的所有芽一律朝上,然后覆盖泥土。栽植过程中切忌损伤莲菜的芽子。池边播种的莲菜,藕头应朝向池内,以免莲藕生长损坏薄膜。

6　肥水管理

莲藕长出1～2片立叶,结合灌水第一次亩施尿素10公斤,封行前再追肥复合肥30公斤,7月初追施结藕肥:每亩50公斤硫酸钾复合肥;灌水应掌握"浅～深～浅"的原则,以水调温,生长前期水位保持5～10厘米的浅水,有利提高泥水温度,促进生长,随着气温升高,逐渐加深水位到20厘米,以免控制地温,后期将近结藕时水位降到10厘米以内,有利藕的膨大。

7　病、虫、草防治

莲藕主要病害有叶斑病、黑斑病、腐败病等,综合防治可选用25%的多菌灵800倍液,70%代森锰锌1000倍液,0.25%的波尔多液喷施叶片2～3次,交替使用;主要虫害有蚜虫、斜纹夜蛾、食根金花虫等,可每亩深施生石灰50～100公斤或50%的辛硫磷乳剂或毒死蜱颗粒剂拌土或喷雾。

杂草防除:定植之后至封行之前,田间水浅,露地较多,容易滋生杂草,及时用人工拔除,进行化学除草,要特别注意安全,谨防伤藕。可选用的除草剂与施用方法:(1)25%除草醚500～1500克,拌50公斤细土,堆放过夜,在定植后均匀撒入田间。(2)25%除草醚500克+50%扑草净40克+25%敌草隆50克拌细土50公斤堆置过夜,于栽后撒入田间。

8　转藕头、除老藕、摘老叶、疏花果

转藕头:在田间封行之前,发现朝向田埂生长的藕簪要及时转向田中间;

除老藕:立叶长出2～3片后,将栽种的老藕清除出田外,可减少病虫发生;

摘老叶:对已失去功能的老叶、病残叶,及时人工摘除,有利田间通风透光;

疏花果:在晴天中午人工摘除花果,可减少养分消耗,有利于地下茎膨大,

增加莲藕产量。

9 采收贮藏

莲菜采收时清除莲菜叶杆,一般于 8 月 20 日左右开始采收。保湿贮藏的产品标准为:藕节完整、藕身带泥、无损伤符合 GB18406.1 标准。

大棚蘑菇生产技术

1 选定场址

无公害蘑菇的栽培应选择远离污染源,即四周无化工厂或大烟囱、禽畜场、垃圾堆等,交通便利、排水畅通,水源清洁充足的场地。菇棚周围要留有一定的空地,用于培养料的堆制、高温灭菌处理等,其正常占地面积比例为3:1。菇棚面积以400平方米为宜,宽度8~10米。秋冬季摆放菇袋8~9层,夏秋季3~5层,通道以水泥路面为佳。

2 品种选择

选用高产、优质、抗病、抗杂菌、适合市场需求的优质品种。

3 栽培季节

实行春夏和秋冬两季栽培,具体茬口如下:
早春季:3~4月栽培,4~5月上市,采收2~3个月。
秋冬季:8~9月栽培,2~3月上市,采收5~6个月。

4 培养料的选择、配方与处理

4.1 培养料的选择

培养料应就地取材。平菇袋料栽培基质大量用料有棉籽壳、玉米芯、麦草等,辅料有麸皮、玉米粉、石膏、过磷酸钙、石灰等,其中以棉籽壳最好。使用前,均应在太阳下曝晒1~2天。

4.2 培养料的配方

目前生产上常用的有下列几种：

麦草培养料配方（早春季）：麦草60%，棉籽壳40%，过磷酸钙2%，尿素2‰，生石灰3%~5%。

麦草培养料配方（秋冬季）：棉籽壳60%，麦草40%，过磷酸钙2%，尿素2‰，生石灰3%~5%。

麦草培养料配方：玉米芯60%，麦草20%，棉籽壳20%，过磷酸钙2%，尿素2‰，生石灰3%~5%。

4.3 培养料处理

播种前1个月左右于晴天进行堆料，堆料前将麦草预湿，室外前发酵要求进行3次翻堆，第3次翻堆2天后，当培养料呈咖啡色，生熟度适中，含水分65%~70%（用手握料指缝间有5~7滴水），后将发酵好培养料装袋，每袋装培养料1000~1200克。然后利用100℃以上的高温续蒸12小时，中途不允许出现降温现象。塑料袋采用聚丙烯塑料袋，塑料袋袋口宽度为25cm，袋长45cm。

5 接种与发菌管理

培养料灭菌后，移入棚内，并喷雾高效低毒防虫药水1次（如：菇虫净、虫螨灵等），使棚底面有潮湿感。待料温降到28℃左右时方可接种，接种时先将菌袋口解开，用酒精消毒过的勺子取菌种分别给培养料袋两端迅速接上菌种，再在袋口上用直径5~6cm的塑料环卡住，并用报纸封口，扎上皮筋即可。发菌期重点做好保温工作，当菌丝萌发吃料后，逐渐加大通风量，保持棚内湿度，促使菌丝正常生长，力争菌丝早封面。

6 棚内管理

6.1 发菌阶段

保持棚温在25℃左右，当温度超过30℃，必须加强通风降温，一旦温度下降后,要迅速关闭门窗。

6.2 出菇阶段

平菇现菌蕾后,应注意通风、增湿,水分管理要掌握少而勤的原则,尽量少对菇体喷水,保持棚内相对湿度在85%~90%之间。

7 病虫害防治

按照"预防为主,综合防治"的方针,坚持以农业、物理、生物防治为主,化学防治为辅的无害化防治原则。

7.1 农业及物理防治

①选择新鲜培养料,并在露天曝晒2~3天杀菌消毒。

②选好栽培场所,搞好培养室和接种室内外清洁卫生,使用前彻底消毒灭菌,避免杂菌产生的环境条件。

③栽培中调节好温、湿度,加强通风换气,严防杂菌污染。

④栽培场所出入口安装纱网,防止螨类、菇蝇等害虫进入。

7.2 化学防治

大棚蘑菇主要的病害有:绿霉,灰霉病;虫害有菇蝇。防治上,对发病的菇包及时清理出棚,集中烧毁处理,并用生石灰水杀菌。菇蝇发生期可用5%氯氰菊酯乳油1000~1500倍液喷雾,每隔7天连喷两次,出菇期后严禁使用。

8 采收

平菇成熟后要及时采收。采收标准是:菇盖充分展开,颜色由深变浅,孢子尚未放射,即可采收。

大蒜、蒜薹高效栽培技术

1 品种选择

栽培上应该选择优质、丰产、耐贮、抗病的品种,如红皮大蒜等。

2 播种

2.1 种子的选择

选择生长健壮、一致,蒜头硬实、圆整,个头肥大,蒜瓣整齐,无病虫危害,符合本品种特性的蒜头做种。

2.2 用种量

每亩大田需蒜种170千克左右。

2.3 田块准备

2.3.1 田块选择

种植田块应水系配套,旱能灌,涝能排,同时坚持轮作换茬,减少重茬。

2.3.2 施足基肥

播种前7~8天,每亩施入充分腐熟的农家灰杂肥或堆肥1000~2000千克,过磷酸钙50~70千克,硫酸钾15~20千克。

2.3.3 整地

前茬作物收获后立即灭茬晒垡,施肥后耕翻田块深20厘米,使土肥混合均匀,然后做畦,畦宽1~1.5米。

2.4 播种

2.4.1 适期播种

大蒜只有适期播种,才能使蒜薹和蒜头优质高产。咸阳市最佳播期为8月10日至9月10日,此时播种的大蒜,发芽同扎根基本上同时进行,出苗正常,冬前幼苗生长健壮,蒜薹和蒜头可获得优质高产。

2.4.2 种子处理

播前在选择蒜瓣的同时,还要对蒜瓣进行处理,具体方法:第一去除底盘,这样可提前3~5天发根;第二浸种催芽,采用清水浸种法,先将蒜瓣放入桶内,一边喷水,一边拌动,使蒜瓣表皮全部湿润为止,经1~2天即可播种,以利发芽,缩短出苗期。

2.4.3 合理密植

播种时坚持顺畦拉沟摆种,沟深4~5厘米,播种后覆土压实,密度原则上根据蒜瓣大小、土壤肥力、播种早晚来确定,对于蒜瓣大、土壤肥、播种早的可适当稀点,反之则密些。一般情况下,行距20厘米,株距6~8厘米,每亩种55 000株左右。

3 田间管理

3.1 追肥

在施足基肥的基础上,追肥要按照"轻施提苗肥,巧施返青肥,重施抽薹肥,补施催头肥"的原则进行。具体方法:

3.1.1 提苗肥

宜在2~3叶期施用,此时大蒜已进行自养生长阶段,可视苗情每亩用1000千克腐熟粪肥兑水泼浇。

3.1.2 返青肥

宜在3月中旬,当气温逐步回升,大蒜即将返青生长时追肥,一般每亩施尿素15~20千克,基肥不足的田块,每亩增施45%三元素复合肥25千克。

3.1.3 抽薹肥

在四月中旬大蒜鞘叶(最后 1 叶)刚露尖时追施效果最好,一般每亩施尿素 10 千克、硫酸钾 5 千克。

3.1.4 催头肥

采薹后每亩施尿素 5 千克、硫酸钾 5 千克。实际操作过程中,根据田情、苗情,灵活掌握。

3.2 浇水

播后如遇干旱,则要浇出苗水。另外,浇好防冻水、返青水。每次追肥后要及时浇水,忌大水漫灌。

严寒来临前,灌水防冻,灌水要足量,栽培畦要湿透,但畦面不能积水。

3.3 中耕锄草

大蒜在播后苗前采用化学除草一般能控制全程草害的发生,但由于干旱或多雨等不利气候影响,难以达到预想的效果,需中耕锄草,同时中耕还有利于改良土壤的理化性状,提高地温促进根系生长。中耕锄草主要在 2 个阶段进行:

①叶期—大寒,此时宜进行 2 次深度 2 厘米左右的深中耕,促进根系下扎,培育壮苗。

②立春—春分,宜进行 3~4 次 1~1.5 厘米深的中浅锄,要求不伤根、不伤苗、除净草。清明以后,大蒜已封垄,应停止中耕松土,以防损伤根系,影响产量,如有杂草,宜人工拔除。

4 病虫防治

目前影响大蒜生产的病虫害主要有"一虫二病",即蒜蛆和叶枯病、黄斑病。防治上必须坚持"以防为主,综合防治"的策略。具体方法:

4.1 蒜蛆

施用有机肥要充分腐熟:在蒜蛆危害期(发棵期)可用辛硫磷乳油 1000 倍

液或80%的敌百虫晶体500倍液灌根。

4.2 叶枯病和黄斑病

要在搞好轮作换茬、清理田园、适期播种、增施磷钾肥、加强田间管理、培育健壮植株的基础上,采取药剂防治,选用75%的百菌清可湿性粉剂600倍液,或50%的扑海因可湿性粉剂1000倍液,于发病初期每隔7~10天喷洒1次,连续喷2~3次。

5 采收与后续管建

5.1 蒜薹采收

5.1.1 采收适期

当田间大部分蒜薹抽出约25厘米,总苞变白,蒜薹刚开始打弯时,应及时采收。采收过早产量低,采收过晚品质差。

5.1.2 采薹时间

一般在5月上旬采收,抽薹应在晴天上午10时以后,茎叶略微萎蔫时进行,因为这时蒜薹韧性较强,采抽蒜不易折断。

5.1.3 采收方法

用双手提薹,手抓住蒜薹在顶叶的出口处,用力均匀向上拔,即可顺利抽出。对难提的蒜薹,抓薹的位置略微下移,带1片叶,或用手在蒜薹基部捏一下,即可抽出。

5.2 蒜头采收与后续管理

5.2.1 采收适期

收获过早,蒜头不充实,含水量高,晒后易干瘪,产量低,不耐藏;收获过迟,蒜皮变黑,散瓣蒜增多,商品性差。采收蒜薹后18~20天,蒜头基本达到收获标准。但加工盐渍蒜、糖醋蒜的蒜头应提前5天左右收获,以保持其脆嫩的品质风味。

5.2.2 采收方法

收获前9天可轻浇一次水,使土壤湿润,便于起蒜。起蒜时用手拔起假茎,即可将蒜头拔起。若播种过深、土壤板结干燥,用铁锹在离开蒜头5~6厘米处挖松蒜头根际泥土,然后拔出蒜头。

5.2.3 后续管理

蒜头要随即削去根须放在田里晾晒,要求后一排的蒜叶搭在前一排的蒜头上,只晒蒜叶,不晒蒜头,以防烈日暴晒灼伤蒜头组织。晾晒过程中要经常翻晒,尽快晒干。一般田间晒2~3天即可。

黄花菜高效栽培技术

黄花菜为百合科萱草属多年生草本植物,以花为食用部分,干鲜均可食用,营养丰富。在本地引进栽培多年来,表现为操作简单、易管理、一次种植、连续多年收获、效益较好等特点,现将栽培技术介绍如下:

1 地块要求

黄花菜对土壤要求不严格,耐贫瘠干旱、适应性强,但肥沃土壤有利于提高产量和品质,所以宜选择土层深厚疏松肥沃、偏酸或弱碱性、不积水的地块。

2 品种选择

优良品种是实现黄花菜高产、优质的重要保证,应选择品质好、分蘖快、鲜花蕾产量高、干制率高、抗逆性强的品种,本地适宜品种有:冲里花、沙苑花等。

3 整地施肥

黄花菜移栽前要施足基肥,亩施入充分腐熟好的畜禽粪肥4000千克、三元复合肥50千克,深翻30厘米以上,深翻土壤有利根系生长,然后整平做畦。

4 适时移栽

黄花菜一般采用分株繁殖,从花蕾采收完毕至翌年萌芽前、土壤未上冻时均可移栽,,分为春栽和秋栽,春栽在土壤解冻后到萌芽前进行;秋栽以花蕾采收完毕到土壤封冻前进行,秋栽当年可发出新根,积累养分,有利于分蘖。分株繁殖应选择植株健壮、长势强、生长多年的老黄花菜作种苗，从母株挖出全部或株丛的1/4至1/3根茎，抖去泥土，除去短缩茎下面的老根、朽根、病根，剪除根部的黑须，剪短到7~8 cm长即可，每根有一个单芽，这样有利于栽后新根群的旺盛发育。为防病害发生，栽植前可将分好的种苗浸泡在50%多菌灵可湿性粉剂1000倍稀释液中10分钟，然后捞出晾至表面没有明水时再进行栽植。

5　合理密植

种植方式采用宽窄行栽培，宽行90厘米，窄行60厘米。穴距22厘米，每亩栽植4000穴左右，每穴栽2株，栽种深度10~15 cm，移栽后及时浇定根水。

6　田间管理

6.1　中耕除草

早春土壤解冻后，春苗刚露出地面，开始进行松土除草，结合浇水施肥，及时多次进行中耕保持土壤疏松无杂草。

6.2　水分管理

黄花菜属喜水作物，在生长期，保持一定的土壤水分有利高产。出苗后、抽薹前浇一次足水；；抽薹到采摘，根据天气情况每隔7~10天浇一次水，7~8月份高温干旱季节，适当缩短浇水时间，保持土壤湿润，延长采收时间，以提高产量。浇水宜早晚进行，做到小水勤浇，忌大水漫灌，从采收到终花期保持土壤见干见湿，采摘结束后浇一次水，延长功能叶，为来年丰产积累养分，封冻前进行冬灌蓄墒。

6.3　追肥

黄花菜是多年生植物，喜肥耐肥，因此采取相应的措施适期施肥，保证生育期的养分需求。苗肥：春苗萌发时每亩施尿素12千克+硫酸钾8千克，促使青苗健壮生长；芽肥：在抽薹前结合中耕，每亩施三元复合肥25千克，在土壤湿润条件下开沟深施后覆土，以促进抽薹整齐粗壮；催薹肥：当植株叶片出齐，花薹抽出20~30厘米时,结合灌水亩撒施或冲施尿素或水溶肥15千克;催蕾肥:当花薹抽齐,结合浇水,每亩撒施或冲施尿素或水溶肥15千克;冬肥:入冬前结合深刨,每亩施有机肥2000千克,配以50千克过磷酸钙,在行间开沟埋施并浇足水,以便为翌年春苗生长和抽薹储备充足的营养。叶面追肥:从抽薹初期到采摘中后期,为增强植株抗旱、抗病能力,延长叶片功能,促进花蕾粗壮,减少幼蕾脱落,提高产量,每隔10天左右叶面喷施1次0.3%磷酸二氢钾加0.5%尿素或氨基酸液体肥,连续喷2~3次。

6.4 割老叶

在10月上旬寒露以后,黄花菜叶片全部枯黄,应齐地割掉,清理枯草、烂叶,减轻来年病虫危害。

6.5 深刨

三年以上的黄花菜地,割叶后结合施有机肥要深刨,深度20厘米,并在株丛上培土,可有效促使根系生长健壮,保证安全越冬。

6.6 更新复壮

黄花菜分蘖能力强,栽植一定年限后,地上部分蘖成密集的株丛,地下部产生许多粗糙而肥大的肉质根,花蕾减少,采摘期缩短,当产量不增反而下降时,就需要更新复壮。方法为:在采收后,结合秋季大中耕,在每丛植株的一侧连根挖掉1/3的老株,促进整个植株发生新的分蘖,萌发新根,达到更新复壮的目的,3~4年后用同样的方法复壮另一侧。

7 收获

花蕾颜色发黄开始采收,采收的最适期为含蕾带苞,即花蕾饱满未开放,中部色泽金黄,两端呈绿色,顶端鸟嘴,尖嘴处似开非开时。过早影响产量,产品色泽差;过迟花瓣开裂,花粉散出,品质变差,失去商品价值。一般在上午9时至下午16时进行,采收时从疙瘩处折断,不能损伤花蕾和花薹,要求带蒂不带枝梗,同时盛装花蕾的容器要保持清洁卫生,做到轻放轻倒,不能搓伤,并及时自然晾晒或机械烘干,装袋待售。

8 病虫防治

黄花菜的病害有叶枯病、叶斑病、锈病;虫害有蓟马、红蜘蛛、蚜虫、金龟子等。防治应坚持以"农业防治、物理防治、生物防治为主、化学药物防治为辅"的原则;可用黄板、糖醋液、杀虫灯等诱虫杀虫。化学药剂防治:叶枯病可用72%克露可湿性粉剂600倍液或58%甲霜灵猛锌可湿性粉剂500倍液喷雾;叶斑病可用60%百泰水分散粒剂600倍液或70%代森锰锌可湿性粉剂600倍液喷雾;锈病可用75%百菌清可湿性粉剂600倍液或10%世高水分散粒剂1500倍液喷雾;蓟马可用6%艾绿士悬浮剂1500倍液或34%斯品诺悬浮剂1000倍液喷雾;蚜虫可用25%噻虫嗪水分散粒剂800倍液或25%吡蚜酮悬浮剂1000倍液喷雾;红蜘蛛可用20%哒螨灵可湿性粉剂2000倍液或73%克螨特乳油3000倍液喷雾;金龟子可用2.5%高效氯氟氰菊酯水乳剂1000倍液或90%晶体敌百虫1000倍液进行喷雾,化学药剂在采收前15天应停止使用。

豇豆栽培技术

豇豆喜温暖,耐旱力较强,但不耐涝。通常采用垄面覆膜种植方式,陕西关中地区一般在清明节以后开始露地直播种植,一般亩产可达3500公斤,亩均产值3500元,按亩均物化投入成本1500元计,亩均收益为2000元。

1 品种选择

选择茎蔓生长旺盛、耐热性强、早熟、高产、适应性强的优良品种。种子纯度不低于95%,发芽率不低于90%,并经过精选。在播种前要进行晒种,必要时还可以用50%适乐时拌种,用药量为用种量的0.2%。

2 整地

3月下旬根据土壤墒情灌水,合墒后每亩施优质腐熟农家肥2吨,过磷酸钙20~30千克。耕深20厘米,整地质量达到地平、无残茬,待播。

3 播种

一般分为直播和育苗移栽等两种方式,小拱棚播种期为3月下旬,露地育苗移栽时间为3月下旬,露地直播时间为4月中旬。当地温达到12~14℃,连续晴天时可以直播。播种前做小高畦,沟深25厘米,沟宽40厘米,畦宽70厘米,然后铺地膜,于沟壁两侧点播两行豇豆。株距22厘米,播深3~4厘米,每穴3~4粒种子,每亩用种量2.5~3千克,播种时施磷酸二铵做种肥。

4 田间管理

4.1 浇水

直播苗现行后如遇大雨,及时放苗封孔,破除板结。采用育苗移栽的,一般在第4对真叶展开前开穴定植,定植后浇定植水,填实定植穴。

4.2 追肥

豇豆属喜肥水作物,前期应少施氮肥;盛花结荚期重施结荚肥。灌水采用少量多次的原则,防止出现烂根、掉叶、落花等现象。豇豆齐苗及抽蔓期一般追施尿素1~2次,每次5千克/亩。初花期,追施尿素5~10千克/亩,磷酸二氢钾2千克/亩。采收期间,每隔4~5天追施尿素1~2千克/亩,磷酸二氢钾2千克/亩。

4.3 整枝

第一花序以下的侧枝长到3厘米时摘除,以保证主茎粗壮,第一花序以上的侧枝留1~2叶摘心。主蔓至2.5米左右时,打顶摘心,以控制生长,并促下部侧枝形成花芽。

5 采收

豇豆为总状花序,每一花序有2~5对花,通常只结一对荚,肥水充足、管理良好、植株生长健壮时所有花朵都可结荚。第1对豆荚采收后,第2对花芽才坐果或发育。开花后10~12天荚果饱满,籽粒未显时,即可进行人工采收,采摘时要及时分批采收,以保证豇豆的商品价值。

6 病虫害防治

6.1 豇豆的主要病害有锈病、叶斑病、根腐病

锈病和叶斑病:发病初期,及时摘除病叶,减轻病害蔓延,同时尽早喷药。主要药剂有50%多菌灵500倍液,或用75%百菌清600倍液进行喷雾防治,喷

到叶面叶背全湿,间隔 7~10 天喷一次,连续喷 2~3 次。也可用粉锈宁防治锈病,用甲基托布津防治叶斑病。

根腐病:用多菌灵、敌克松、恶霉灵防治根腐病。

6.2 豇豆的主要虫害:豇豆荚螟、蚜虫

豇豆荚螟:进入开花期后,在上午 7~9 点花瓣张开时,对准花朵,及时喷施 0.2% 甲维盐或 50% 杀螟松 1000 倍液,隔 5 天左右喷一次,同时拣净田间的落花。也可以在傍晚 5 点以后对准植株喷药。

蚜虫:可喷施啶虫脒或吡虫啉进行喷雾防治,喷到叶面叶背全湿,7 天左右喷一次,连续喷 2~3 次。

地下害虫:用 50% 辛硫磷 1000 倍液喷雾,防治地老虎等地下害虫。

莴笋优质高产栽培技术

莴笋又称莴苣,莴苣原产地在地中海沿岸,大约在五世纪传入中国。地上茎可供食用,常见品种茎皮白绿色,茎肉质脆嫩,幼嫩茎翠绿,成熟后转变白绿色。主要食用肉质嫩茎,可生食、凉拌、炒食、干制或腌渍,嫩叶也可食用。茎、叶中含莴苣素,味苦,有镇痛的作用。莴笋喜中等光照强度、短日照、冷凉气候。

1 品种选择

秋冬栽莴笋应选择耐寒、高产、抗病性强的圆叶品种,夏莴笋应选用耐热、高产、抗病性强的品种。

2 育苗移栽

2.1 苗床准备

选择土质肥沃的壤土或沙壤土。苗床应施足底肥,以有机肥为主,N、P、K配合施用,然后再整细做箱,箱面宽1~1.7米,长度依地而定。

2.2 播种

一般每亩用种50~100克。将种子与细土混合均匀后撒在做好的苗床上,然后盖上一层渣肥,春莴笋在上年10月中旬至11下旬播种,夏莴笋在2月下旬或3月上旬播种,秋莴笋(热莴笋)在6月下旬至7月中旬播种,冬莴笋在9月中旬至下旬播种。

2.3 苗床管理

种子发芽前保持苗床湿润,有利发芽,发芽后,视天气和土壤干湿情况,进行浇水。秋莴笋苗床应搭棚遮阴或盖遮阳膜,保持床土湿润,避免烈日照晒和大雨冲击。1~2片真叶时除草,3~4叶时定苗,苗距3~10厘米。匀苗、定苗时各追肥1次。

3 适时大田栽植

定植前,土地要经过深耕、整细、整平,以4.0米开厢,沟宽30厘米,厢沟深20厘米,做成厢,株行距依品种而定,一般行距33~40厘米,株距27~33厘米,每穴栽1株,每亩植6000株左右,移栽前每亩穴施腐熟农家肥1500千克、过磷酸钙50千克,施后要做到土肥混均匀。当苗子达到4~5叶,移时秧苗带土移栽,不宜栽得太深,栽好后浇足定根水,做到适时栽植。

3.1 施肥

施肥原则:先淡后浓,以有机肥为主,配施N、P、K肥。一般2~3次,第1次定植成活后施1次肥,用清粪水加适量碳酸氢铵追施。第2次莲座期用50%的人畜粪水加适量碳铵和过磷酸钙追施,第3次茎开始膨大的时候,用人畜粪水兑适量氮素化肥与钾肥追施。

3.2 浇水

一般只要保持土壤湿润就不浇水。但是在天气干旱时,气温高而干燥的环境中特别是在气温高、肥料不足的情况下如果不浇水,莴笋很易抽薹,同时茎还带有苦味。

3.3 病虫防治

莴笋的主要病虫害有霜霉病、菌核病、斑枯病及蚜虫等,霜霉病、斑枯病的防治方法:适当控制栽植密度,防止田间积水。采用和茄科或十字花科蔬菜轮作,摘除老叶、病叶销毁或深埋。药物防治可65%的代森锌500倍液,每隔10~14天喷1次,连续防治2~3次。菌核病的防治可在播种前用1∶10的食盐水漂去混在种子中的菌核;在生长期中应拔除病株,清除枯老叶片集中烧毁,避免菌核遗留在田中;用70%的甲基硫菌灵可湿性粉剂700倍液,或50%的速克灵可湿性粉剂1500倍液,或50%的扑海因可湿性粉剂1000倍液轮换防治。

4 收获

莴笋的成熟期因栽培季节不同而有差异,收获时视其茎膨大情况而采收,不宜过老。过于成熟膨大,茎纤维增多,会降低食用品质。

菠菜栽培技术

1 品种选择

选择适应性广,生长快、高产质优,具有株型直立、叶片肥大、色泽浓绿、抗病性好等特点的品种,目前栽培面积比较大的品种是全能菠菜王、绿胜、翡翠铁杆王等。

2 种植季节

2.1 秋菠菜

立秋后气温开始逐渐下降,此时温度有利于叶原基的分化,从出苗到收获以前的温度对叶面积及叶重最适宜。为此,秋菠菜的单株重在全年茬口中是最重的,增产潜力最大,适宜播期为8月下旬至9月上旬。

2.2 越冬菠菜

继秋波菜播种之后,应尽量早播,使小苗冬前适当增加叶片数(5~6片叶),保证植株安全越冬,达到早采收的目的,最适宜的播期为9月下旬。

2.3 春菠菜

当土壤表层温度4℃~6℃解冻后,开始播种,最适宜的播种期为3月上旬。

2.4 夏菠菜

是全年生长期最短的一茬。此期温度高,叶面积的增加受限制,播种愈晚,单株重越低,所以夏菠菜的播期在范围内宜早不易晚,适宜播期为5月下旬。

3 整地施肥

宜选用有机质丰富、土质肥沃、保水保肥性好的壤土种植。施肥原则以施有机底肥为主,每亩施经充分腐熟无害化处理过的优质圈肥4000公斤。深耕25~30厘米,耙平耙细,然后做成1.5~2.0米的畦。

4 播种

为使菠菜出苗整齐,播后出苗好,最好进行浸种催芽,将种子在冷水中浸泡12~24小时,捞出后稍晾一下,置于15℃~20℃环境下催芽,每天用清水淘洗一次。种子出芽后,采用撒播或平畦划沟点播。行距20厘米,株距5~10厘米,播后盖土1~2厘米,轻轻压一遍。亩用种子0.7~1.0公斤,若播种时土壤干旱,可于播后小水浇一遍。

5 田间管理

秋菠菜出苗后,气温较高,苗子如果过密,下部叶子易变黄腐烂,同时生长后期温度适宜,植株生长迅速,单株需要营养面积较大,所以密度不易过大。天气干旱可勤浇小水,保持土壤湿润,以利幼苗生长,2~3片叶结合间苗拔除杂草。大雨后要排水防涝。4~5片叶后,进入生长盛期,应分期随水冲施有机粪肥,可提高产量,改进品质。

越冬菠菜应加强冬前管理,进行多次划锄松土,促使根系增长,要求植株具有5~6片叶安全越冬。因越冬菠菜生长期较长,返青时应及时追肥浇水,每亩追施有机肥100公斤。叶子旺长期要有足够的水分供应。

春菠菜、夏菠菜从播种到收获,生长期为50天左右。在较短的生长期内要及时追施有机肥,并于高温期小水勤浇,以降低地温,促使叶片生长旺盛。

6 病虫害的防治

菠菜的病害较少,在收获前期主要是霜霉病为害,原因是密度过大、温度过高造成。防治的主要方法是:重病区应实行2~3年的轮作,加强栽培管理,做到密度适当、科学灌水、降低空间湿度；发现中心病株,要及时拔除,携出田外深埋或烧毁。秋茬菠菜蟋蟀较多,危害叶片,影响商品性,可用化学杀虫剂制成毒饵放在容器中诱杀。

7 收获

应根据生长情况和市场需求及时采收上市。一般应抢在抽薹前及时采收,以保证品质和商品性。将收获的菠菜剔除老叶、黄叶和泥土,捆成小把,运往加工地点。

早熟地膜马铃薯栽培技术

1 目标产量

每亩产量2000千克,平均株产0.3千克。

2 播前准备

2.1 选用良种

选用结薯早、块茎前期膨大快、结薯集中、抗病、产量高、大种薯率高的优良脱毒品种。

2.2 施足底肥

马铃薯喜钾肥,需肥量大,施肥以有机肥为主,氮、磷、钾配合施用。每亩施腐熟农家肥3000千克、尿素20千克或碳铵30千克、二铵50千克或磷肥50千克、硫酸钾30千克。撒施深翻30厘米两遍。

2.3 起垄

垄宽60厘米,沟宽30厘米,垄高20厘米。

3 播种

3.1 适时播种

终霜前20天,当地下10厘米土温稳定在7~8℃时即可播种。一般在2月中下旬。

3.2 种薯处理

播前15天,窖藏种薯放在20℃阴暗环境中催芽暖种、催芽发壮。大种薯播前切块,每个切块带芽眼1~2个,淘汰病种薯。切后用草木灰拌种,防止播后种薯腐烂。每亩约需种薯75~100千克。

3.3 播种方法

起垄后趁墒播种,每垄种两行。垄上行距40厘米,株距25厘米,每亩留6000株左右。播种先在垄上两边开沟,沟深15~20千克。顺垄沟摆放种薯,薯芽朝上,播种后覆土。

3.4 覆膜

播后整好垄面,立即覆膜。膜两边用土压膜8~10厘米,防大风揭膜。播后地温10~12℃,幼芽生长迅速且壮。地温20℃最适宜,低于10℃幼芽生长缓慢不易出土。

4 田间管理

4.1 破膜放苗

春播马铃薯播后约30天出苗,当幼芽破土长出1~2片叶时,发芽期即告结束,此时可破膜放苗。放苗时先在地膜划十字放风,防高温烤苗。然后避开中午高温时段放苗,同时用土封严破膜口,保温保墒。为防冻害,放苗最好在终霜期之后进行,放大不放小,放绿不放黄。

4.2 中耕除草

苗高5厘米时,除去垄沟草。封垄前结合浇水深中耕。现蕾时浅中耕培土,以利结薯。

4.3 浇水施肥

齐苗后浇水一次,促发薯秧。初花期即块茎膨大初期浇水追肥一次。每亩追施尿素10千克或二铵25千克,也可用0.5%尿素加0.5%磷酸二氢钾进行叶面喷肥。块茎形成期防止干旱,干旱时应及时浇水。收获前10天不浇水。

4.4 病虫害防治

病害以防为主,虫害有虫则治。病害注重防治晚疫病,可用百菌清、金雷多米尔或杀毒矾、克露等防治。每种药剂使用次数不超过三次,以提高防效,延缓抗药性。虫害注重防治二十八星瓢虫和蚜虫,可选用绿菜宝(阿维菌素+敌敌畏)或尽胜(阿维菌素+毒死蜱)、功夫等防治。

4.5 及时收获

植株枯萎,大部分茎叶变黄时为最佳收获期。也可在市场价格高,产量影响小,经济效益高时收获。晴天收获,黑暗条件下贮存。

雾霾天设施蔬菜管理技术

近些年多地冬春季多发中到重度雾霾,由此产生的低温寡照给设施蔬菜生产带来不利影响。为此,蔬菜种植户应注意做好以下工作:

1 增强植株抗逆能力

1.1 增施有机肥

适当补充有机肥料和叶面肥。雾霾天气来临时,可叶面喷施0.3%磷酸二氢钾+0.3%硝酸钙+1%的葡萄糖液。

1.2 控制灌水量和灌水次数

一般番茄和黄瓜等果菜每亩一次灌水量在13~23方,冬季番茄灌水量15~18方,黄瓜灌水量13~15方。选择冷尾暖头浇水,雾霾天气发生时尽量不灌水。

1.3 生态环境控病为主、高效低毒药剂控病为辅

早晨揭开保温覆盖物后要在1.5小时内迅速升温至25℃以上;设施内温度升至30℃后开始放风,温度降至17~19℃关闭放风口,并准备盖保温覆盖物,减少灌水量,覆盖地膜减少地面蒸发。及时去除老叶、病叶,发生病害时选用烟剂或粉尘剂防治。

1.4 调整植株结果量

当植株生长较弱时,适当疏花疏果,并要适时早采收,减轻植株负担;当植株生长旺盛时适当多留果,并适当晚采收,防止营养生长过旺。

2 加强环境调控

2.1 增加光照度

及时清理薄膜上的尘土等,确保塑料薄膜的高透光率;冬季在距日光温室后墙 5 厘米处张挂 1 米左右宽的镀铝镜面反光膜,改善栽培畦中北部作物的光照。

2.2 增加光照时间

在温度允许的范围内,尽量早揭晚盖保温被,其中揭苫时间应以揭开草苫后设施内温度不下降为宜。晴天,草苫要早揭晚盖,尽量延长蔬菜见光时间;阴雪天,根据外界温度状况可在中午短时间揭开草苫,使蔬菜接受更多的散射光照射,不能连续数日不揭开草苫。

2.3 人工补光

当阴雪或雾霾天气超过 2 天,可适当采用植物生长灯补光。一般每盏灯 40 瓦,每亩安装 25 盏左右为宜。光照弱时每天补光 3~4 小时,可显著增加产量和质量。

2.4 增加覆盖物,提高温度

加盖适宜厚度的保温覆盖物,并加盖二膜。在不影响透光率的情况下,在棚室内加挂一层保温幕;在缓冲间和与温室进出口加挂厚的棉门帘,在温室内设置隔离门道,同时尽量减少出入温室次数;在温室前沿增设一道 1 米高的保温裙膜。

2.5 采取增加地温措施

采用增施有机肥、地膜覆盖、宽行密植半高垄栽培等措施,可提高地温 3~4℃。

2.6 采用人工辅助加温

在遭遇连续阴雪或雾霾天气,棚室气温持续低于 5℃时,可采用热风炉或电热风临时补温,也可预先在栽培畦土壤中铺设好地热线,必要时通电提高地温和气温。

3 避免天气骤晴危害

在持续多日阴雨雾霾后骤然转晴,光照骤强,容易因棚室内气温骤然升高、土壤升温滞后,蔬菜作物根系吸收能力弱、茎叶蒸腾量骤增而导致失水萎蔫。因此,要注意采取间隔、交替揭苫,不能立即全部揭开草苫,避免作物叶片在强光下失水萎蔫。若发现叶片萎蔫应回盖草苫,待植株恢复后再逐步揭苫。

日光温室番茄熊蜂授粉技术

长久以来,人工激素授粉在设施番茄授粉环节中占据着重要地位,但是激素授粉番茄发生畸形果率高,果实籽粒不饱满,易形成空心果,并且番茄激素残留对消费者身体健康造成危害。因此,简单安全的授粉技术对我县蔬菜产业发展具有重要意义。为此,文章主要介绍熊蜂授粉技术在日光番茄授粉中的应用,希望对今后熊蜂授粉技术的推广提供参考依据。

1 熊蜂放置前准备工作

检查棚室通风口和放风口防虫网是否平整,完好,不能出现褶皱,防止熊蜂卡死,并检查塑料棚膜是否有破洞,防止熊蜂飞出。确保土壤不含有高毒、强内吸农药和有机磷农药等有毒物质,防止熊蜂中毒死亡。

2 选择合适的入棚放置时间

当温室内番茄植株有25%的第一穗果枝开花时,温度为10~32℃,湿度为50%~80%时,是放置蜂箱的最佳时间。选择在天黑后放置,静置1小时后打开巢门,有利于熊蜂适应新的环境。

3 熊蜂摆放位置及放蜂数量

3.1 熊蜂摆放位置

为确保熊蜂的存活度和活跃度,应将蜂箱放置在避光的位置,防止阳光直射。将蜂箱放置在棚室的中央或走道通风口处,应轻拿轻放,防止震荡导致熊蜂死亡。将蜂箱水平放置于高于地面40~80厘米处,并在蜂箱上方搭建遮阳板,防止阳光直射蜂箱。蜂巢门朝向阳的地方,易于熊蜂接收阳光,进出口不能有遮挡物,影响熊蜂进出。在蜂箱2米范围内关闭二氧化碳通气孔,不要把蜂箱放置在作物冠层里,影响熊蜂起落。

3.2 放蜂数量

日光温室占地面积一般为1亩,番茄花期为52天左右,需要中箱熊蜂,即数量为50~80只的蜂群即可完成整个授粉过程。

4 蜂箱使用方法

蜂箱有两个开口,一个是可进可出的开口A,另一个是只进不出的开口B。正常作业时,可封住B,打开A,允许熊蜂自由进出。当需要喷药时,提前4小时关上A,打开B,使室内熊蜂全部回到蜂箱,并将蜂箱搬出棚室放在通风阴凉的地方,防止药害造成熊蜂死亡。

5 番茄花授粉成功的特征

熊蜂授粉成功后会在番茄花朵的花柱上留下褐色"标志",标记颜色随时间推移由浅变深,80%以上的花带有此标记,则授粉正常。

6 熊蜂授粉期间的管理

(1)温度

熊蜂活动的最适温度8~35℃之间,过高或过低的温度均会造成熊蜂的死亡以及蜂巢的损坏。应避免太阳直晒,使熊蜂的活动受到影响,从而影响了花期授粉。

(2)湿度

熊蜂在授粉期间应注意棚室内湿度调节,防止过度潮湿。棚内湿度太大会造成蜂体内熊蜂卵、幼虫以及成蜂的死亡,其他杂物发霉污染空气,从而影响熊蜂正常授粉,耽误作物的最佳授粉时段。

(3)保持卫生干净

授粉期间定期检查蜂箱内部及周围的环境,及时清理环境卫生,保持清爽干燥。在熊蜂大部分出箱的情况下及时将蜂箱内的粪便、死蜂、其他杂物清理出去,并用干棉花、干海绵等清理箱体。

(4)及时补充糖水

熊蜂刚购买回来时都自带糖水,但熊蜂授粉时间超过2周以上,则要及时人工补充糖水,保证熊蜂营养充足。按照饲养说明书用80℃左右的热水将糖浆溶解,溶液浓度为50%左右,倒入蜂箱中的糖壶中或倒入盘中放在蜂箱的下方,方便熊蜂发现并食用。注意盘中的糖水添加应少量多次,防止熊蜂采食时淹死。

(5)防止蜇人

熊蜂一般情况下只专注于授粉,很少攻击使用者。但是如果过度震荡或重度敲打蜂箱,则会激怒熊蜂攻击人类。进棚室操作时应避免穿鲜艳的衣服,防止招来熊蜂。

(6)防止药害

熊蜂对农药及其敏感,计划打药时应提前一天傍晚将熊蜂召回至蜂箱,A、B巢门均处于关闭状态,然后将蜂箱移至通风良好,无农药存在,温度控制在18~20℃的环境中。打药之后严格按照农药安全间隔期过后,将蜂箱移回原来的位置,静置30分钟左右,然后将巢门打开。棚室内禁止使用缓效释放的有毒农药。

(7)防止蚂蚁伤害

时刻关注蜂箱周围的环境,防止蚂蚁等动物进入蜂箱伤害熊蜂及幼虫,在蜂箱周围喷洒食用醋隔断蚂蚁进入。

日光温室蔬菜沼液追肥技术

大量施用化肥、农药导致土壤板结,蔬菜质量低劣,病虫害严重。沼液富含氮、磷、钾、各类氨基酸、维生素、丁酸、吲哚乙酸、维生素 B12 等物质,不仅能有效改善土壤结构,增强植物的吸收能力,而且它的水质特性使作物吸收极快,既有速效性,又兼具缓效性。因此,它作为一种有机追肥已普遍在温室蔬菜中应用,现就沼液追肥技术总结如下:

1 沼液的选择

菜农在选择时,一是要选择发酵时间长,充分腐熟的沼液。一般要求沼液在贮存罐或贮存池贮存时间超过 3 个月以上。二是要注意火碱沼液。很多畜牧养殖场都采用火碱消毒法,剩下的残留随动物粪尿一起冲刷进沼气池进行生态发酵,再将发酵后产生的沼液出售给农户。这样的沼液冲施到地里不仅肥效降低,而且极易引起土壤盐分含量上升。农户在选择沼液时一定要慎重,最好用 pH 试纸测试,谨防火碱沼液。

2 追肥时间

早春过后开始施用。选择 3~5 个晴天内上午 10 点到下午 2 点前追施效果较好,雨天或土壤过湿不宜使用。

3 追肥方式

温室使用沼液,一般采用随水冲施和叶面喷施的方法,简单易操作,但易出现烧苗现象。特别是早春过后,棚温逐渐回升,施用沼液过程中较易发生。

建议菜农在施用前 4~5 天,将沼液和水按 1:2 比例勾兑,待使用时随水冲施。4 月份后气温回升较大,菜农在追施过程中应该加大勾兑比例,以防氨害。

4　追肥方法

4.1　随水冲施

温室地表沼液浓度过大,易引起作物失水。因此沼液作为追肥在施用中不易过量。一般种植面积 1 亩的温室一次冲施勾兑液 4~5 方,浇水 20 方左右。随水冲施后,棚内密闭高温的环境易引起沼液中未充分腐熟的有机质释放氨气,造成氨害或烧根。因此,在冲施后要加强通风,排放氨气。

4.2　叶面喷施

沼液在叶面追肥时,选用正常产气 50 天以上沼气池产生的沼液滤清过渣,按 1:1 比例兑水,直接喷施在蔬菜叶面,平均每亩喷施量 50~60 千克,以并在喷施后 20 小时左右再喷一遍清水。叶面喷肥一般每隔 10 天喷施一次,可有效提高蔬菜产量 30% 左右。喷施时间把握在上午露水干后,夏季以傍晚为好,中午、下雨时不喷施。

5　注意事项

①沼液的养分是根据其发酵程度、兑水比例、排放量等不同而有所差异,因此在使用中要根据沼液的颜色、黏稠度、种植的蔬菜及种植环境等来判断勾兑比例。

②蔬菜上市前 7 天,不追施沼液肥,以免蔬菜贪青,延迟上市时间。

③叶面喷施时,以叶背面为主,以布满液珠而不滴落为宜,以免影响作物光合作用。

设施蔬菜新品种

简介篇

番茄新品种

泾番 1 号

西安桑农种业有限公司出品。

无限生长类型,蔬菜、口感型高品质水果两用型番茄品种,粉果,富含维生素 C 和番茄红素,含糖量高(8~10%),具有浓郁的芳香味,抗番茄黄化曲叶病毒和叶霉病,耐叶部斑点性病害(灰叶斑和细菌性叶斑),叶色深绿,长势旺盛,平均单果重 120 克左右,均匀一致,适宜保护地越冬—大茬栽培。

园艺 504

辽宁园艺种苗有限公司出品。

中早熟,植株无限生长类型,生长势较强,叶片中等大小。萼片平直,成熟果实粉红色,颜色亮丽,高圆形,果实无棱,果个均匀,光泽度好,外形美观、优果率高、果面光滑,果肉厚,无绿果肩,单果重 200~250 克,抗 TY、抗叶霉病、抗筋腐病和烟草花叶病毒病等病害,耐低温弱光,果个均匀、外形美观,连续坐果能力强、转色均匀,坐果率高,每穗留果 4~5 个,精品果率高,硬度高,耐贮运,适于远距离运输。适于泾阳日光温室越冬茬栽培。

美味 610

高品质口感粉红番茄,植株无限生长型,长势中等,特早熟。叶片略小,颜色深绿,通透性好。每穗 4-6 个果,成果深粉红色,果实圆形,果蒂小,收花好。果实硬度好,味酸甜多汁,果型饱满不空洞,单果重 250 克左右,果实多为 6 心室。抗 TY、抗褪绿病毒,适合保护地秋延、越冬及早春栽培,抗病性好。

贝福利

四川迈德豪农业科技有限公司出品。

杂交种,无限生长型,粉果。中早熟,植株长势较强,果型正圆形,心室数量4~5个,始花节位7~8节,无青肩,萼片平展美观,坐果能力强,平均单果重240克,商品率高,果硬耐运输。抗黄化曲叶病毒病,综合抗性较强。适合泾阳早春、越冬栽培。

南瓜新品种

迷你玉

早熟,生长势较强,株幅55~60厘米,叶面有少量白色花斑,叶缘缺刻浅,叶色浓绿。瓜形扁圆形,雌花节位低、雌花多,瓜皮白色,单蔓可连续坐果3~4个。单瓜质量200~300克。连续坐果能力强。中抗南瓜病毒病、白粉病、灰霉病。耐低温、耐弱光性较强。适宜保护地栽培。播种后80~85天即可收获。耐贮性极佳,常温下可保存2~3个月,宜作装饰用,也可食用。

迷你桔

早熟,播种后80~85天即可收获。植株蔓生,生长势较强,叶缘缺刻浅。雌花节位较低、雌花多,果皮橙黄色,带橙色纵条纹,单瓜重300克左右。瓜形扁圆,瓜味甜面、后味带香。连续坐果能力强,单株连续坐果3~5个。中抗南瓜病毒病、白粉病、灰霉病。耐低温、耐弱光性较强。耐贮性强,常温下可保存2~3个月,宜作装饰用,也可食用。

南瓜新品种永安2号

永安2号为印度型南瓜,生长势强,生长速度快,熟性早,一般定植后55天开花。叶面绿色无白色花斑,蔓长2.5~3米,主蔓结瓜为主,侧蔓较发达。第一雌花节位8~10节,瓜高扁圆形,瓜皮绿色有绿白相间的花斑,单瓜重1~1.5千克,味面甜,品质好,耐寒、耐热、耐弱光,抗病性强,适宜保护地、露地栽培。

西葫芦新品种

西葫芦新品种春玉4号

春玉4号为中早熟品种,矮秧类型。生长势较强,株幅较大(植株开展度90厘米左右),植株较直立,叶面有白色花斑,叶缘缺刻较深,叶色浓绿。瓜形棒状,瓜皮皮色为嫩绿色,有光泽,老熟瓜为乳白色。嫩熟单瓜质量400~600克,产量高。品质优、商品性好。连续坐果能力强。对病毒病和白粉病的抗性较强。耐低温、耐弱光性较强。适宜保护地及露地栽培。

西葫芦新品种春玉5号

春玉5号,生长势较强,植株直立,株型紧凑、叶节紧密,叶缘缺刻深,叶面有白色花斑。瓜形棒状,商品嫩瓜长25厘米,瓜皮皮色为淡绿色,嫩熟瓜单瓜质量400~600克,有光泽,老熟瓜为黄白色。品质优、商品性好。连续坐果能力强。主蔓结瓜,无侧芽,连续坐果能力强。对病毒病和白粉病的抗性较强;较耐高温,适宜早春晚秋保护地和夏季冷凉地区露地栽培。

西甜瓜品种简介

陕农 7 号西瓜

杂交一代袖珍型西瓜。早春栽培全生育期约 105 天,果实发育期 32 天。植株长势较强,伸蔓快,第 6~8 节位着生第一雌花,之后隔 4~5 叶节出现雌花。果实椭圆形,果皮绿色,覆深绿细条带,果肉鲜红色,皮厚 0.5 厘米,中心可溶性固形物含量平均 12.5%,边部 10.1%。肉质脆,平均单果质量 1.9 千克;不易裂果。中抗枯萎病、蔓枯病。平均亩产 3500 千克。

玲珑王西瓜

早熟袖珍型品种,果实成熟期 28 天。植株长势中强,茎蔓粗壮,分枝能力中等,叶缘深锯齿。第一雌花一般在第 8~10 叶节出现。坐果性好,果实商品率较高。果实椭圆形,果形指数 1.28。果皮绿底覆深绿色窄条带,皮厚约 0.5 厘米,果皮较硬,贮运性好。单瓜重 1.5 千克。果肉鲜红色,中心糖含量 12%~13%,中边糖梯度小,肉质酥,汁多纤维少,口感风味好。抗病性、抗逆性较强。平均亩产 2280 千克。

农大甜 5 号甜瓜

厚皮甜瓜,植株生长势强,叶片较大,叶色黄绿,肥厚,子蔓或孙蔓结果。全生育期 105 天左右,果实发育期 34 天。果皮白色透亮。果实成熟后不落蒂。果实椭圆,果面光滑无棱。果肉白色,厚约 3.8 厘米,肉质松脆多汁,风味清香,中心可溶性固形物 17.0%。平均单瓜重 1.3 千克。坐果性好,商品率高,耐裂果,耐贮运。中抗蔓枯病、霜霉病等。平均亩产量 2758.6 千克。

农大甜 6 号甜瓜

厚皮甜瓜,植株生长势较强。全生育期 100 天左右,果实发育期 30 天。果皮白色。果实成熟后不落蒂。果实圆,果面光滑无棱。果肉白色,厚约 3.5 厘米,肉质松软脆多汁,风味清香,中心可溶性固形物 17.0%。平均单瓜重 1.2 千克。坐果性好,商品率高。抗病性中等。平均亩产 2500 千克。

农大甜 8 号甜瓜

哈密瓜型甜瓜,生长势强,叶片较大,叶色绿,植株开展度较大。全生育期 117 天左右,果实发育期 38 天。成熟果皮底色灰白,覆密网纹。果实成熟后不落蒂。果实椭圆,果形指数 1.3。果肉橙色,厚约 3.8 厘米,肉质松脆多汁,风味清香,中心可溶性固形物 17.5%,边部 12.0%。平均单瓜重 1.5 千克。坐果性好,商品率高,耐裂果,耐贮运。高抗白粉病,抗疫病、蔓枯病。平均亩产 3270 千克。

农大甜 9 号甜瓜

厚皮甜瓜,生长势强,叶片较大,叶色绿,低节位叶片叶缘较圆,高节位叶片缺刻较深。植株开展度较大。子蔓或孙蔓结果。幼果浅白绿色,成熟果实皮色白色透亮。果实发育期 32 天。果实与果柄之间不产生离层,成熟后不落蒂。单瓜质量 1.3 千克,果实圆形,果形指数 1.04,果面光滑,果肉浅橙色,厚约 3.7 厘米,肉质脆嫩多汁,风味清香。中心可溶性固形物含量 18%,边部 12%。对蔓枯病、霜霉病等多发病害有较强抗性。平均亩产 3500 千克。

农大甜 10 号甜瓜

厚皮甜瓜,生长势强,叶片缺刻深。雄花两性花同株,7~13 节位子蔓结果。果实发育期 32~34 天。成熟果皮金黄色。成熟后不落蒂。果实圆形,果面光滑。果肉橙色,厚约 3.8 厘米,肉质脆嫩多汁,风味清香,中心含糖量 15%~17%。平均单瓜重约 1.5 千克。坐果性好,商品率高。平均亩产 3000 千克。

设施蔬菜病虫害

防治篇

泾阳番茄黄化曲叶病毒病发生原因及防治

1 发生症状

番茄发病初期主要表现为生长迟缓或停滞,节间变短,植株明显矮化,叶片变小变厚,叶质脆硬,叶片有褶皱、向上卷曲,叶片边缘至叶脉区域黄化;病害蔓延迅速,半个月可导致整棚黄化,停止生长,染病幼苗严重矮缩,开花结果异常,果实不能完全转色。成株染病的植株仅上部叶和新芽表现症状,后期表现坐果少,果实变小,果实裂果严重,成熟期的果实不能正常转色,商品果率小。

2 发生原因

2.1 主栽品种不抗病

主栽品种如欧盾、普罗旺斯、芬达、宝冠等均为感病品种。

2.2 烟粉虱发生严重

2010年7~8月温度一直较高,温差小,气候干燥,8月下旬至9月初烟粉虱大发生,平均单株虫量40~200头。

2.3 栽培管理措施不当

播种过密,株行间郁闭,利于烟粉虱发生,易诱发番茄黄化曲叶病毒病;播种过早、多年重茬、肥力不足、氮肥施用太多,有利于病虫发生;管理粗放,棚室周边杂草丛生、病虫株乱扔乱放。

3 防治对策

防治策略上应用抗病品种及加强田间管理等农业措施为主,辅助物理措施和化学防治措施,控制病毒病的蔓延与流行。

①选用抗病、耐病品种。

②培育无虫无病苗。

③加强田间管理。

A.清洁田园。清除田间和大棚四周杂草,及时拔除病、虫株,带出田外销毁及深埋。B.轮作倒茬。对于发病较严重的田块,改种烟粉虱不喜食的芹菜、生菜、韭菜或葱蒜类蔬菜等。C.适期播种。适当推迟播种期(推迟到9月中下旬),尽量避开烟(白)粉虱高盛发期。D.在田间农事操作时,先健株后病株,在手上抹鲜牛奶,减少病毒传播。

④物理措施。

育苗地、通风口、缓冲门口安装60目防虫网;悬挂黄板诱杀烟粉虱等害虫,减少为害、传毒。

⑤化学防治。

A.防治烟粉虱。烟粉虱发生初期选用25%扑虱灵可湿性粉剂1000~1500倍液、3%啶虫脒乳油3000倍液、25%阿克泰水分散粒剂2000~3000倍液、10%联苯菊酯乳油(天王星)2000~3000倍液、1.8%阿维菌素乳油1500倍液等药剂喷雾防治。B.防治病毒病。选用1.5%菌毒烷醇可湿性粉剂500~800倍液、8%宁南霉素水剂500倍液、3.85%病毒必克可湿性粉剂500倍液、20%盐酸吗啉胍·酮可溶性粉剂800倍液,在药剂中加入植物生长调节剂0.04%芸苔素内酯或叶面肥等,连续防治2~3次,调节生长,控制病毒病扩散和蔓延。

番茄褪绿病毒病防治

1 田间症状

1.1 苗期症状

番茄苗期感染番茄褪绿病毒后,叶片叶脉间表现局部褪绿斑点,症状不明显,较难辨认。番茄定植后15天,若条件适宜,即能表现发病症状,主要表现为植株滞育,矮小瘦弱,顶部叶片黄化,下部成熟叶片叶脉间轻微褪绿。

1.2 开花期症状

番茄定植后40~50天,进入开花期,该病毒开始在番茄上表现明显的症状。中下部叶片首先出现症状并逐渐向上发展,中部叶片叶脉间轻微褪绿黄化,底部叶片出现明显的叶片褪绿黄化,叶脉深绿,感病叶片变脆且易折,叶片黄化疑似营养缺素症。

1.3 结果期症状

番茄定植60天后,进入结果期,该病毒在番茄上的症状进一步加重,感病的番茄整株表现褪绿黄化症状,果实小、颜色偏白,不能正常膨大。叶片也表现明显的脉间褪绿黄化症状,边缘轻微上卷,且局部出现红褐色坏死小斑点。后期叶脉浓绿,脉间褪绿黄化,变厚变脆且易折,最后叶片干枯脱落;果实小,并开始转色成熟,使番茄失去商品价值,严重时,造成绝产。

2 防治方法同番茄黄化曲叶病毒病

在番茄的生长前期,可以叶面喷施含锌、硼、钙的叶面肥,促使番茄生长旺盛,提高植株抗病能力,减轻番茄褪绿病毒的危害。

番茄斑萎病毒病防治

1 症状

整株系统性侵染,其症状变化大。苗期染病,幼叶变为铜色上卷,后形成许多小黑斑,叶背面沿脉呈紫色,有的生长点死掉,茎端形成褐色坏死条斑,病株仅半边生长或完全矮化或落叶呈萎蔫状,发病早的不结果。坐果后染病,果实上出现褪绿环斑,绿果略凸起,轮纹不明显,青果上产生褐色坏死斑,呈瘤状突起,果实易脱落。成熟果实染病轮纹明显,红黄或红白相间,褪绿斑在全色期明显,严重的全果僵缩,脐部症状与脐腐病相似,但该病果实表皮变褐坏死别于脐腐病。

2 传播途径:蓟马

3 防治方法

①选择抗病品种。截止2010年,未育出抗TSWV的专用品种,但可试用抗TMV的品种。

②发病地区要及时铲除苦苣菜,野大丽花及田间杂草。

③番茄苗期和定植后要注意防治媒介昆虫——蓟马,由于蓟马获毒后需经一定时间才传毒,因此使用杀虫剂治虫防病有效,喷药时最好喷到茎基部把生活在根际部的蛹杀灭效果更好。梅雨季前用药1~2次,以后蓟马增多,隔10天左右1次以消灭媒介昆虫。

温室番茄灰叶斑病防治有误区

1 病害区别

灰叶斑病与低温冻害都在阴雨、低温寡照天气发生,主要都危害叶片,发病初期症状极为相似,叶面布满圆形或不规则形小斑点,并沿叶脉扩大,不同之处在于灰叶斑病病斑分布于整个叶片,颜色为浅褐色,叶背病斑稍凹陷,颜色较叶正面深,严重时,易穿孔。低温冻害病斑沿叶缘向叶轴蔓延,叶面颜色开始发黄,继而形成灰褐色病斑,叶背正常,无穿孔,严重时,叶缘上卷,叶背发白。

2 防治措施

①农业防治

A. 选用抗病品种。及时整枝抹芽,保证田间通风。对已发病的植株,及时清除病残体,将收获后的残株拉至田外集中烧毁或深埋。增施有机肥和磷钾肥,增强植株抗性。

B. 适时排湿控温。采用变温管理,能有效排湿。选在晴天 12:00~2:00 之间,温室温度逐渐上升的阶段放风。首先使温室温度迅速升高至 33℃ 再放风,当温室内温度降至 25℃ 关闭风口升温,如此往复 3~5 次就可达到排湿控温的效果。下午温室内温度要保持在 25~30℃,当温室内温度降到 18℃ 关闭通风口,以减缓夜间室温下降,夜间温室温度保持在 15℃ 左右。阴雨天应及时打开通风口通风。

C. 合理密植。采用宽行密植栽培技术,南北做出双高垄,垄高为 15 厘米,小行距 60 厘米,大行距 120 厘米,株距根据具体情况和品种形态特性定植。

一般茄果类株距20~30厘米。同时,施用以腐熟农家肥为主的基肥,增施磷钾肥,防止偏施氮肥,植株过密而徒长,影响通风透光,降低抗性。

②药剂防治

番茄灰叶斑病在发病初期可使用3亿CFU/克哈茨木霉菌300倍兑水喷雾,每隔7~10天喷施一次,发病严重时缩短用药间隔,同时可结合有机硅增加附着性,效果更明显。发病中后期可选择40%嘧霉胺悬浮剂或40%腐霉利可湿性粉剂或25%嘧菌酯悬浮剂或乙霉多菌灵+叶面肥,兑水15千克,每隔5~7天喷1次,病情严重时可缩短至4~5天喷1次,共喷2~3次。以上药剂喷雾时注意叶片正、背面均要喷到。用药间隔期根据天气而定,阴雨天发病,尽量选择烟雾剂或粉尘剂。烟雾剂可选45%棚棚清烟剂,每亩使用200~250克,傍晚用暗火点燃,施药后封闭棚室过夜。

设施番茄常见病害的识别与防治

1 番茄晚疫病

1.1 病害识别特征

晚疫病在番茄的叶片、果实和茎秆均可发生。病菌起初多从下部叶片的叶尖、叶缘开始发病,病斑初为暗绿色水渍状,渐变为暗褐色,在潮湿的环境中发病部位周围长出少量的白色霉层;果实发病部位主要在青果近果柄处形成暗棕褐色不规则病斑,呈现出云纹状向四周扩展,潮湿时存在稀疏的白色霉层;病害侵染茎秆时同样出现水渍状暗绿色病斑,潮湿时伴有少量白色霉层。

1.2 发生规律

病菌在植株病株上越冬,在低温高湿的情况下发病。一般通过植株的伤口和皮孔侵入,通过气孔和表皮侵害植株。在设施番茄生产管理过程中,如果定植过密,地势低洼,浇水过多,排水不良,过度施用氮肥,棚室保温效果差,则会导致棚室内湿度过高,极易发病,如果不及时防治,会在短时间内大面积发生,几天时间就会导致整个大棚发病,因此番茄晚疫病是以防治为主。

1.3 防治技术

①选用抗病品种。

②加强田间管理。棚室内采用小水勤浇,勤通风,降低棚内湿度,防止高湿引发病害。合理密植,及时整枝搭架,增加作物通风透光性;发现中心病株时及时摘除病叶、病果或拔除病株,并带到远离温室大棚的环境深埋;与非茄科作物轮作;增施腐熟的有机肥和磷钾肥,提高番茄植株的抗病性。

③化学防治。发现病株及时拔除发病植株并安全处理,然后用58%甲霜

灵锰锌可湿性粉剂400~500倍液或72%杜邦克露可湿性粉剂1000倍液喷洒,7天为一个周期,连续喷洒3次左右;如果是植株茎秆发病,可采用杀毒矾与小米粥混合(比例为1∶25)均匀涂抹茎干发病部位,能够及时防治病害发生。

2 番茄黄化曲叶病毒病

2.1 病害识别特征

近年来黄化曲叶病毒在泾阳县发生严重,该病毒侵害植株的新叶、果实。其主要特征是植株染病后,根系不发达,节间变短,植株矮小;顶部新叶变小,叶边缘褶皱上卷,少绿泛黄,坐果率低,果实不能正常膨大,不能正常转色。

2.2 发生规律

烟粉虱是黄花曲叶病的主要传播媒介,每年的8~10月份是烟粉虱大量繁殖期,是该病毒病的高峰期。如果土壤贫瘠、板结,排水不良,植株生长弱均会加重病害发生。

2.3 防治技术

番茄黄花曲叶病毒病是一种毁灭性病害,一旦患病不能治愈,侵害整棵植株。对于黄花曲叶病的防治应是预防与防治相结合,主要是预防为主,综合防治。

①选用抗病品种。

②加强田间管理。首先选用无病虫的健壮的番茄苗,在番茄定植前采用烟熏法彻底清除越冬成虫,清洁棚室内外周边的病株和杂草;加强水肥管理,增施优质有机肥和磷钾肥,提高作物的抗病能力;合理通风,防止棚内温度过高。番茄收获后及时对地块进行清理和消毒。

③物理防治。采用棚室内悬挂黄板、通风口和进门处增加防虫网等措施来阻断烟粉虱入棚。在棚室内悬挂黄板诱杀烟粉虱,每亩挂50个45×25厘米的黄板来诱杀烟粉虱。

④化学防治。在发病初期用25%吡蚜酮4000~4500倍液或25%噻虫嗪

WG2000～3000倍液交替使用,防治效果较好。发病较严重时需要喷施农药与烟熏结合使用,减少烟粉虱的数量,减轻病情。

3 番茄灰霉病

3.1 病害识别特征

番茄灰霉病可危害番茄叶片、花、果实和茎秆。叶片发病主要是小叶叶尖出现"V"字形病斑向叶中央发展,出现水浸状,腐烂后干枯表面有灰霉产生;茎秆感病时最初出现水浸状小斑点,逐渐蔓延扩大到整个茎秆,形成水浸状条状或圆形褐色病斑,湿度大时产生灰霉层,干燥时病斑处出现灰白色霉层;病害侵染花和果实时,发病部位出现灰褐色水浸状,发软,腐烂。番茄青果受害最为严重,从果实脐部发病,逐渐蔓延果面,使整个果实呈灰白色,发病部位覆盖一层厚厚的灰色霉层。

3.2 发生规律

从12月份到翌年5月份是灰霉病流行时期,2～3月份是灰霉病发病高峰期。番茄灰霉病最明显的特征是发病部位形成灰色霉层,且容易扩散传播,从植株的伤口、开败的花器、枯死的叶片侵入传播。花期授粉时期是灰霉病侵染高峰期,当温度在20℃左右,相对湿度在90%以上,是灰霉病发病的最适条件。如果田间管理不当,没有及时整枝打枝,空气流通不畅,光照不充足,棚内湿度过高,会使灰霉病大面积发生。

3.3 防治技术

①选用抗病品种。

②棚体及土壤消毒。土壤翻耕时每亩施入50%多菌灵1.5千克进行彻底杀灭病原菌;定植前高温闷棚15天,进行整个棚室内环境消毒。

③定植后加强田间管理。番茄在坐果后及时清除开败的花器,及时摘除老叶、病叶装入袋子中带出棚外深埋处理,切不可随意丢弃,防治传染发病。加强温湿度管理,保持通风排湿,棚内温度控制在23～28℃之间,减轻灰霉病的发生。同时增施优质的有机肥和磷钾肥,不偏施氮肥,培育壮苗,提高作物

的抗病能力。

④化学防治。发病初期喷洒50%欧开乐1500~2000倍液或65%硫菌霉威1000~1500倍液,每7天为一个周期,连续交替喷洒3次。

4 番茄枯萎病

4.1 病害识别特征

番茄枯萎病又称萎蔫病,是一种土传维管束病害,主要侵染植株根茎部位。多在开花结果期发病,发病时植株中下部叶片在中午前后萎蔫,早晚恢复。之后萎蔫症状逐渐加重,叶片自下而上逐渐变黄,最后枯死。有时植株只有一侧发病,另一侧正常生长,接近地面的茎秆基部出现水浸状,湿度过高时病株茎基部产生粉红色、白色霉状物,切开病茎基部,发现植株的维管束变为黑褐色。

4.2 发病规律

病菌随病株残余组织存在于土壤中腐生可达多年,病菌在番茄苗移栽时从根系伤口、裂口侵入,进入维管束繁殖,争夺植株养分,导致植株生长受限,直至叶片萎蔫、枯死。高温高湿、土壤板结、偏酸、土层浅使枯萎病发生严重。同时过度重视氮肥的施用,磷钾肥施用不足的情况下,增加发病概率。

4.3 防治技术

①轮作倒茬。病害严重的地块与瓜类、葱蒜类等进行3~5年轮作。

②选用抗病品种。选用无病、包衣的种子,如果是无包衣则种子要用浸种剂灭菌。

③加强田间管理。栽培前深翻土壤,灭茬,晒土,撒施杀虫灭菌剂减少病原菌;增施腐熟的有机肥和磷钾肥,促使植株壮苗,提高抗病能力。

④化学防治。用70%的敌磺钠可湿性粉剂500倍液喷洒,如果浇灌根部,每株浇灌300毫升,5天为一周期,根据发病情况增加浇灌次数。

设施番茄细菌性病害防治

1 疮痂病

主要危害茎、叶和果实。病叶早期在叶背出现水浸状小斑,逐渐扩展近圆形或连结成不规则形黄褐色病斑,粗糙不平,病斑周围有褪绿晕圈,后期干枯质脆。茎部先出现水浸状褪绿斑点,后上下扩展呈长椭圆形,中央稍凹陷的黑褐色病斑;病果表面出现水浸状褪绿斑点,逐渐扩展,初期有油浸亮光,后呈黄褐色或黑褐色木栓化、直径0.2~0.5厘米大小近圆形粗糙枯死斑,有的相互连结成不规则形大斑块,果柄与果实连接处受害时,易落果。病菌随病残体在田间或附着种子上越冬,第二年借风雨、昆虫传播到叶、茎或果实上,从伤口或气孔侵入危害。高温、高湿、阴雨天发病重,管理粗放,虫害重或暴风雨造成伤口多,易发病。

2 软腐病

为害茎秆,也为害果实。茎部多从整枝伤口处开始,继而向内部延伸,最后髓部腐烂,有恶臭,失水后,病茎中空。病茎维管束完整,不受侵染。果实被害果皮完整,内部果内溃烂,汁液外溢,有恶臭。病菌主要随病残体在土中越冬,菜株生长期间,随昆虫、雨水、灌溉水等传播,从伤口侵入。为害茎秆的,多从整枝伤口侵入;为害果实的,主要从害虫(如烟青虫幼虫)的蛀孔侵入。病菌侵入后,分泌果胶酶,使寄主细胞间的中胶层溶解,细胞分离,引起软腐。

3 番茄细菌性溃疡病

番茄溃疡病的病果幼苗发病始于叶缘,由下部向上逐渐萎蔫,有的在胚轴或叶柄处产生溃疡状凹陷条斑,使病株矮化或枯死。成株发病,下部叶片凋萎下垂,叶片卷缩,似缺水状,有时植株一侧或部分小叶萎蔫;后期病茎秆上出现狭长的褐色条斑,上下扩展,下陷或开裂,病茎增粗,常产生大量气根,茎内中空或呈褐色,有臭味散出,严重时植株枯死。多雨或湿度大时,菌丝从病茎或叶柄中溢出或附在其上。形成白色污状物。幼果受害后皱缩、畸形、发育慢,青果上病斑圆形,外围白色,中心粗糙黑色,萼表面生坏死斑,果面可见稍隆起的"鸟眼斑"。番茄溃疡病由棒状杆菌(属细菌)侵染致病。病菌最适宜生育温度为25~29℃,生长温度范围为1~33℃,高温、高湿、连作、排水不良利于该病流行

4 细菌性髓部坏死

发病初期嫩叶褪绿,严重的植株上部褪绿和萎蔫,伴随着下部茎坏死,病茎表面初生褐色至黑褐色斑,外部变硬,纵剖病茎可见髓部变成黑色或出现坏死,维管束褐变,这些病变多发生在植株外部无病变的地方,髓部发生病变的地方则长出很多不定根。生产上当下部茎被感染时,常造成全株死亡。湿度大时菌脓从茎伤口和不定根溢出。与溃疡的区别在于髓枯病外部无明显的病变。植株上部褪绿和萎蔫,严重时病茎表面呈黑绿色,纵剖病茎可见髓部变成黑绿色坏死,湿度大时菌脓从茎伤口和不定根溢出,病茎髓部坏死处无腐臭味,有别于溃疡病。番茄细菌性坏死病是由皱纹假单胞菌(属细菌)侵染致病,病菌初在番茄和苜蓿上存在,多在第一穗果膨大变绿的绿果期发病,栽植过密,光照不足,氮肥施用偏多,室内湿度高发病严重。

5 青枯病

青枯病受害株苗期危害症状不明显,植株开花以后,病株开始表现出危害症状。叶片色泽变淡,呈萎蔫状。叶片萎蔫先从上部叶片开始,随后是下部叶片,最后是中部叶片。发病初始叶片中午萎蔫,傍晚、早上恢复正常,反复多次,萎蔫加剧,最后枯死,但植株仍为青色。病茎中、下部皮层粗糙,常长出不定根和不定芽,病茎维管束变黑褐色,但病株根部正常。横切病茎后在清水中浸泡或用手挤压切口,有乳白色黏液溢出(病菌菌脓)。番茄青枯病是由假单

孢杆菌(属细菌)侵染所致。病菌随病残体在土壤中越冬,借雨水和灌溉水传播。发病最适宜温度为25～37℃,低于10℃,高于41℃停止发展。土壤含水量大于25%时,有利于病菌侵入,高温、高湿时为害严重;此外,连作、低洼地、排水不良、土壤缺钙、缺磷,均有利于该病害流行。

6 细菌性斑疹病

可危害叶、茎、花、叶柄和果实,尤以叶缘及未成熟果实最明显。叶片染病,产生深褐色至黑色斑点,四周常具黄色晕圈;叶柄和茎染病,产生黑色斑点;幼嫩绿果染病,初现稍隆起的小斑点,果实近成熟时,围绕斑点的组织仍保持较长时间绿色。细菌性病害。病菌在种子、病残体及土壤里越冬,并通过雨水飞溅或整枝、打杈、采收等农事操作进行传播。潮湿、冷凉条件和低温多雨及喷灌易发病。

7 细菌性病害综合防治方法

①培育壮苗在番茄保护地栽培中,要为番茄植株提供最适宜的环境条件,使番茄植株生长健壮,增强植株自身的抵抗力。首先应从育苗抓起,育苗床要进行根部病害消毒;使用生根育苗营养嘉美红利培育壮苗,植株健壮,减少细菌入侵的机会,降低发病概率。

②细菌有穿透植株表皮组织的能力,从植株伤口处侵入,然后繁殖为害。因此减少伤口是预防细菌性病害的主要措施。一是在育苗环节,采用营养块育苗或营养杯育苗方法,在定植时尽量避免伤根造成伤口。二是注意防治虫害。大棚番茄及早消灭美洲斑潜蝇、蚜虫、白粉虱为害,避免在叶片上造成伤口。

③做好定植前土壤处理工作,减少土壤内的细菌性病害的数量。因细菌性病害均有一定的潜伏性,所以要使用溴甲烷、石灰氮等进行土壤消毒、高温闷棚后再移栽定植。

④定植后及时灌根,对于细菌性病害,前期预防是最有效的方法,可以在缓苗后使用络氨铜600倍液混加68%精甲霜灵·代森锰锌水分散粒剂600倍液和嘉美红利灌根,5-7天一次,连续灌根2-3次。

⑤加强管理一是科学施肥,提高植株免疫能力,最好用喷滴灌系统,每亩施用嘉美赢利来或内钾德 8~10 公斤;二是看苗浇水,视番茄的长势确定是否需要浇水,植株早晨叶尖有水珠则表示土壤水分充足,反之中午植株上部萎蔫,则表示需要浇水。在浇水上不可大水漫灌,可采用滴灌或膜下灌溉方法,既保证了番茄对水分的需求,又降低了田间湿度。三是喷洒植株叶片保护剂,如嘉美金点,改变叶片酸碱度,提高植株抗病性能。四是保持适宜温度,根据天气状况,适时调整风口大小和开放时间,使大棚温度白天保持在 25~30℃,夜间保持在 15℃左右。五是准确诊断,要准确区分细菌性病害造成萎蔫与缺水症状,不要把细菌性病害误认为是缺水症状,每次浇水最好不要大水漫灌,易传播病害,加重病害发生。

⑥整枝打杈时应尽量选择晴天进行,以利于其快速风干,不给细菌留机会,植株调整后及时喷施硫酸链霉素 1000 倍液进行防治,注意喷药时着重点为叶片背面及伤口处。

⑦做好雨季准备工作。因雨水中含有大量有害菌,一旦灌入棚内,很容易造成细菌性病害的传播流行。所以在雨季来临前,应检查薄膜是否有漏水处,并及时关闭风口,雨后通风散湿,降低棚内湿度,并喷施 20% 噻菌铜悬浮剂 500 倍或者是 77% 可杀得 500 倍或者是 500 倍叶枯唑,进行喷药预治。一旦发现大棚内出现细菌性病害的病株,应及时进行喷药防治。一般来说,细菌性髓部坏死可采用发病部位注射法,细菌性溃疡病发病后可通过喷药及注射防治。注射药剂可用 20% 络氨铜 600 倍液混 68% 精甲霜灵·代森锰锌水分散粒剂 500 倍液,喷药可用 50% 琥胶肥酸铜(DT)可湿性粉 400~500 倍液或 14% 络氨铜水剂 300 倍液。细菌性青枯病一般在根部发病,可通过络氨铜水剂 600 倍液灌根处理。科学防治坚持"预防为主、综合防治"的植保方针,棚内发现少量发病植株后,立即拔除带出棚外深埋处理,并对其他植株进行喷药预防。

日光温室冬春茬辣椒常见病害及防治

1 真菌性病害

1.1 症状

辣椒的真菌性病害有猝倒病、立枯病、灰霉病、菌核病、疫病、白粉病、炭疽病等。真菌性病害主要有以下特征：①出现霉状物、粉状物、粒状物、核状物或丝(绵)状物，是真菌性病害的特有病征。②病菌以菌丝体或孢子在土壤、病残体及种子上越冬，成为翌年初侵染源。③当温度、湿度条件适宜时，病菌从气孔、皮孔、伤口直接侵入，通过气流、雨水、昆虫、田间农事操作等传播蔓延，并可进行多次重复侵染。④在高温、高湿、土壤黏重、重茬地、低洼田易发病。⑤当施用未腐熟的粪肥、基肥不足、土壤的骤然干湿交替或地下害虫发生严重时，均能加重发病。⑥在植株密度过大、通风透气不良、管理不当的地块发病严重。

1.2 综合防治措施

①选用抗病品种。

②培育无病适龄壮苗。

③辣椒地不能重茬，要与非茄科蔬菜进行两年以上轮作。

④前茬收获后及时清洁田园，深耕土地，精细整地，施用充分腐熟的有机肥作基肥，适当增施磷、钾肥。

⑤因地制宜适时移栽，合理密植，增强通风透光，可促进植株健壮生长，增强抗病力，定植时尽量减少对幼苗根部的损伤。

⑥加强田间管理。及时清除残枝落叶、病果，合理灌溉，要小水勤灌，避免

大水漫灌。结合追肥,防止倒伏,补充微肥,提高植株抗病性。

⑦喷施代森锰锌、多菌灵、百菌清等杀菌剂对绝大多数真菌性病害都具有一定效果。

2 细菌性病害

2.1 青枯病

2.1.1 症状

多在开花期以后显症,具有"突发性"。初期茎叶局部萎蔫,傍晚还可恢复,病势加重后永久萎蔫。随着病情加重,出现顶枯或枝枯,较大的植株叶片褪绿变黄,切开茎秆,可见维管束变黄色或褐色,髓部和皮层组织也变色。在病茎的横切面上,可溢出白色菌脓,病株根部变褐腐烂。

2.1.2 防治方法

①栽培防治。重病田与十字花科或禾本科非寄主作物实行3年以上轮作,禁止茄科作物相互接茬种植。选用抗病、耐病品种。用营养钵或营养块育苗,以培养壮苗,减少伤根。合理灌溉,降低土壤湿度。

②药剂防治。发病初期适时喷淋77%可杀得可湿性微粉剂500倍液,每7~8天喷1次,连喷3~4次。还可用上述药剂灌根,每穴灌药液250~500毫升,隔10~15天灌1次,连灌2~3次。

2.2 疮痂病

又称为细菌性斑点病,危害辣椒叶、茎和果实,造成大量落叶、落花和落果,减产率高达20%~30%。

2.2.1 症状

病叶产生水浸状银白色小斑点,后变为暗褐色凹陷病斑,严重时叶片脱落,植株死亡。成株叶片上先产生黄绿色水浸状小斑,随后扩展为不规则形黄褐色病斑,周边褪绿变黄,边缘深褐色,稍隆起,中间浅色,稍内陷。此外,幼叶受害后沿叶脉产生水浸状病斑,可相互连接成条斑,叶片卷缩、畸形。茎上初生水浸状褪绿斑,纵向扩展,形成褐色不规则条斑,中间稍内陷。以后木栓化隆起、开裂,疮痂状。果实表面也产生水浸状褪绿斑点,稍隆起,疮痂状。初期病斑周围常有黄绿色晕圈,边缘有裂口,潮湿时病斑上有菌脓溢出,干燥后残留一层发亮的薄膜。

2.2.2 防治方法

①改善栽培管理。病田忌重茬,与非茄科蔬菜轮作2~3年。辣椒田要施足有机肥,定植后及时松土追肥,以促进根系发育,提高抗病能力。加强通风,防止高温高湿。一旦发病,早期拔除中心病株,并及时收集病叶、病果、病株,携出田外深埋或烧毁。收获后和定植前要彻底清除病残体和自生辣椒苗。

②选择抗病品种。

③使用无病种子。播种前要进行温汤浸种或药剂消毒。温汤浸种,即用55℃热水浸泡种子10分钟或用50℃热水浸泡25分钟,再移入冷水中冷却,然后催芽播种。种子消毒的常用药剂为硫酸铜和链霉素。种子用200毫克/千克硫酸链霉素药液浸种2小时,浸种后用清水冲洗掉药液,稍晾干后催芽。

④喷药防治。要定期进行田间检查,及时发现病株。在发病初期用47%加瑞农可湿性粉剂800倍液,72%农用链霉素可溶性粉剂4000倍液等,每隔7~10天喷1次,连喷3次。另外,也可喷施1:1:200波尔多液。

3 病毒病

辣椒的病毒病害是由多种病毒复合侵染而引起的一类重要病害。辣椒全株受害,减产幅度达30%~70%,重病田绝收。病株果实小而畸形,品质和商品价值大幅降低。

3.1 症状

常见的症状有下述4类。①花叶和斑驳。叶面、果面出现不规则的褪绿。出现花叶和斑驳的叶片叶缘内卷,叶脉扭曲,严重的生长缓慢,植株矮小,果实少而小。②黄化。病叶均匀地褪绿,变为黄色,严重时上部叶片全部黄化,大量落叶。③坏死。枝杈顶端幼嫩部分变褐枯死,称为"顶枯"。枝条和叶柄上还可产生褐色条斑状坏死,沿枝条上下扩展。叶片和果面上则产生形状不规则的褐色坏死斑,还有沿脉坏死、沿脉失绿等症状。发生坏死的植株严重落叶、落花、落果。④畸形。叶片增厚、细小狭窄,叶面皱缩。植株节间缩短,矮小,叶丛生呈现丛簇状。严重矮化的株高不及健康植株的一半,结果少,病果短小而畸形。

3.2　防治方法

①选用抗病、耐病品种。

②种子处理。种子先用清水浸种几小时,再用10%磷酸三钠溶液浸20～30分钟,清水淘洗干净后再催芽或直接播种。此法可减少种子的烟草花叶病毒。

③栽培管理。避免作物连作、间作和套作,清除棚室内外病残体和杂草,防治棚室周围露地蔬菜和其他作物的蚜虫。培育壮苗,增施磷、钾肥,小水勤浇,避免缺肥、缺水。幼苗期遇高温干旱,要及时浇水增墒降温,并覆盖黑色遮阳网,以降低地温和防蚜。

④防治蚜虫。及时消灭传毒蚜虫,防止病毒扩展。5.药剂防治。发病初期,喷施1.5%植病灵乳油1000倍液或1%抗毒剂1号水剂200～300倍液。另外,在幼苗期和成株期还可分别喷施1～2次83增抗剂200倍液,以增强辣椒的抗病性。

4　生理性病害

辣椒的生理性病害主要有沤根、脐腐病、日烧病等。

4.1　沤根

沤根为苗期主要病害,发生时,根部不发新根或不定根,幼根表面开始呈锈褐色,后逐渐腐烂。地上部生长受抑制,致使上部叶片变黄,不生新叶,中午前后萎蔫,甚至叶缘枯焦或成片干枯,幼苗容易拔起。

4.2　脐腐病

又称顶腐病或蒂腐病,主要危害果实。被害果与花器残余部及其附近,出现暗绿色水浸状斑点,后迅速扩大,有时可扩展到近半个果实。病部组织皱缩,表面内陷,常伴随弱寄生菌侵染而呈黑褐色或黑色,内部果肉也变黑,但仍较坚实。如遭软腐细菌侵染,则引起软腐。脐腐病在高温干旱条件下易发生,水分供应失常是诱发此病的主要原因。此外,土壤中氮肥过多,营养生长旺盛,果实不能及时补充钙也会发病。

4.3 日烧病

又叫日灼病,是辣椒常发生的一种生理病害。该病病因是强烈阳光直射灼伤果实表皮细胞引起水分代谢失调所致。症状只出现在裸露果实的向阳面上。发病初期病部褪色,略微皱缩,呈灰白色或淡黄色。病部果肉失水变薄,呈革质,半透明,组织坏死发硬绷紧,易破裂。后期遇潮湿天气,病部易被病菌或腐生菌类感染,长出黑色、灰色、粉红色等杂色霉层,病果易腐烂。日烧病发病原因主要是叶片遮阴不好,土壤缺水,天气过度干热,雨后曝晒,土壤黏重,低洼积水等可加重病害发生。钙素在辣椒水分代谢中起重要作用,土壤中钙质淋溶损失较大,施氮过多,引起钙质吸收障碍等生理因素,也会引起日烧病发生。

4.4 综合防治措施

①防止沤根。育苗床土温度控制在12℃以上。播种时一次浇足底水,低温下控制苗床湿度。增加光照,适量通风,加强炼苗。出现轻微沤根时,要提高床温,及时松土。

②覆盖地膜。用地膜覆盖可保持土壤水分相对稳定,并能减少土壤中钙质等养分的流失。

③适时合理灌水。结果后及时均匀浇水防止高温危害,结果盛期以后,应小水勤灌。特别是黏性土壤,应防止浇水过多而造成的缺氧性干旱。

④根外追肥。在着果后喷洒1%过磷酸钙、0.1%氯化钙或0.1%硝酸钙溶液,可提高植株的抗病能力。隔7~10天1次,连续防治2~3次。

⑤使用遮阳网。可覆盖黑色遮阳网,减弱强光照射造成的危害。

设施茄子主要病虫害及防治

1 茄子根腐病

1.1 症状

茄子根腐病主要侵染茄子根部和茎部,发病初期植株中午萎蔫,早晚可以恢复,最后逐渐发展到不能恢复。根系、茎部表皮变为褐色,并且腐烂,露出木质部,植株萎蔫死亡。

1.2 发病原因及规律

病菌厚垣孢子在土壤中能够存活 5~6 年或更长,成为主要的侵染源。病菌从寄根部伤口侵入,借雨水或灌溉水传播。高温高湿有利于病害的发生,连作地、黏土地及低洼地发病严重。

1.3 防治方法

①农业防治。条件允许可与非茄科蔬菜实行 2~3 年的轮作。实行高垄栽培,防治根系与雨后长期泡在水中,使根系通透性好,生长健壮,抗病力强。雨后做到及时排水,避免土壤过湿。

②药剂防治。用 70% 甲基托布津可湿性粉剂或 50% 多菌灵可湿性粉剂或 50% 苯菌灵可湿性粉剂与适量细土混合,定植时撒入植穴中。发病初期可用 70% 甲基托布津可湿性粉剂 800 倍液或 50% 多菌灵可湿性粉剂 500 倍液,或硫酸铜 2000 倍液,或 50% 苯菌灵可湿性粉剂 800 倍液进行灌根,每株 0.2~0.3 升,7~10 天灌 1 次,连续 2~3 次。

2 茄子的棉疫病

2.1 症状

茄子棉疫病俗称"掉蛋"、"水烂",各地普遍发生。全生育期都可受害,是茄子主要病害之一,损失严重时可达50%以上。幼苗期发病常引发猝倒、枯死;成株叶片感病,产生水渍状不规则形病斑、上有明显轮纹,边缘不明显,褐色或紫褐色,潮湿时病斑上长出白色霉层;茎部受害呈水渍状溢缩,长白色霉层,有时折断;花器受害,呈褐色腐烂;果实受害最重,开始出现水渍状圆形斑点,稍凹陷,边缘不明显,黄褐色至黑褐色,病果呈黑褐色腐烂。高湿条件病部长出白色絮状菌丝,病果易脱落或干瘪收缩成僵果。

2.2 发病原因及规律

病菌随病原体在土壤中越冬,成为翌年初侵染源。卵孢子经雨水飞溅到植株上,由表皮进行侵入。病部产生孢子囊经雨水和灌溉水传播。高温高湿有利于发病:一般气温25~35℃,相对湿度85%以上,叶面有水膜时发展非常迅速。其次地势低洼,排水不良,管理粗放,偏施氮肥,过度密植,通风不畅,连作等都会加重病害的发展。

2.3 防治方法

①农业防治。选择抗病品种,实行轮作倒茬,减少初侵染源。选择地势高燥地块种植,深翻土壤,高垄栽培,覆盖地膜防治病菌随水飞溅传染,促进根系生长。栽培雨后及时排除积水,棚室栽培要排湿,施用足够腐熟的有机肥,预防高湿高温。增施磷钾肥,促进植株健壮生长,及时清除病叶、病果、老叶集中深埋。

②药剂防治。发病初期可用70%甲基托布津可湿性粉剂1000倍液,或75%百菌清可湿性粉剂500倍液或72%克露可湿性粉剂800倍液或52.5%抑快净水分散剂2000倍液,或58%甲霜灵锰锌500倍液,或64%杀毒矾可湿性粉剂400倍液,或72.2%普力克水剂500倍液等进行喷雾防治,每7-10天1次,交替用药。

3 茄子灰霉病

3.1 症状

茄子灰霉病现在已经成为保护地栽培中的又一重要病害。通常发生在成株期,花、果危害最重。在幼果顶部及附近产生水浸状色斑块,尤其在花未脱落时感病最重,扩大后呈暗褐色,凹陷腐烂,表面产生不规则轮纹并生灰色霉层。严重时,叶片发病多在叶缘处,先形成水浸状浅褐色病斑,扩展后呈圆形或椭圆形,褐色并带有浅褐色轮纹的大病斑,湿度大时生灰色霉层。发病后期,如果条件适宜,则病斑连片使整个叶片干枯。茎和枝条染病,初生水浸状灰白色或褐色不规则病斑,绕茎枝一圈,上部枝叶萎蔫枯死,湿度大时病部表面密生灰白色霉状物。

3.2 发病原因及规律

病菌的菌丝或分生孢子随病残体在土壤中越冬,菌核也可以在土壤中越冬,成为翌年的初侵染源。病残体上产生分生孢子,随气流、农民活动等传播。多在开花后侵染花器,然后在侵入果实引发病害,也可由果蒂部侵入。病果、病枝等的采摘过程中随手扔弃,不带出棚外最易引起病源孢子飞散传播。该病菌喜欢低温高湿,其中持续较高的相对湿度是引发病害的主要因素。光照不足,气温较低(16~20℃),湿度大,结露时间长最易引发病害流行。以每年深冬季节低温寡照通风不足,湿度过大,最易引起病害流行,特别是植株长势弱的情况下会加重。

3.3 防治方法

①农业防治。多施充分腐熟的优质农家肥,增施磷、钾肥,以增强植株抗病力。采用高垄栽培,覆盖地膜,降低空气湿度,阻挡病源,及时清除老叶、病叶等带出田园深埋。大棚膜应严格选用无滴膜并每年更换,棚室后墙挂反光膜增强光照强度。早上帘子卷起后应科学通风,即将棚内温度上升到32℃维持一段时间,感觉到棚内有湿气时再通风,以降低棚内的湿度。阴天也应该注意通风。阴天不浇水选择晴天上午小水膜下暗灌,喷药也应安排在上午进行,

严格控制湿度,使叶面水膜持续时间尽量缩短或不出现。

②药剂防治。花期结合喷花,在喷花药液中加入0.1%的70%甲基托布津可湿性粉剂,或50%速克灵可湿性粉剂,或50%扑海因可湿性粉剂等。发病初期可选用40%施佳乐悬浮剂800倍液,或70%甲基托布津1000倍液,或50%扑海因可湿性粉剂1000倍液,或50%苯菌灵可湿性粉剂1000倍液,或65%抗霉威可湿性粉剂1000倍液,或75%达科宁可湿性粉剂600倍液等喷雾防治,6~8天1次,交替用药连续3~4次。露地栽培,雨后应及时喷药。棚室栽培可选用10%速克灵烟剂,或45%百菌清烟剂每亩200~250克进行熏烟防治。熏烟防治应在晚间效果好,粉尘应在下午较好,第二天早上通风。用药间隔时间和次数依天气和病情而定。

4 茄子黄萎病

4.1 症状

茄子黄萎病又称半边疯,凋萎病、黑心病,是茄子的主要病害之一。属于土传病害,前期不表现症状,多在门茄座住后才开始表现症状,故此常常延误防治时机,损失严重。病情由下向上发展,初期叶绿及叶脉间出现褪绿黄斑,并不断扩大和联合,最后转为褐色。后期叶缘上卷脱落,导致全株枯死。此病通常发生在半个叶片或半边植株上,最后发展为全叶或全株。严重时全株叶片脱落,纵切根茎部,可见维管束变为黄褐色或棕褐色。

4.2 发病原因及规律

病菌的菌丝,厚垣孢子随病残体在土壤中越冬,一般可存活6~8年,翌年由根部伤口,幼根表皮及根毛侵入,然后在维管束内繁殖,并扩展到茎、叶、果实、种子中,当年一般不再侵染。带菌土壤是本病的主要侵染源,带有病残体的肥料也是病菌的重要来源之一。病菌可在种子中越冬,故带病种子是远距离传播的主要途径之一。田间的病菌由灌水,农民活动传播。发病适温19~24℃。茄子从定植到开花期,日均温低于15℃且时间长,或雨水多,或久旱后大量浇水使地温下降,或田间湿度大则发病早而重。温度高发病轻。重茬地,偏施氮肥,施用未腐熟有机肥及缺肥等地块发病重。

4.3 防治方法

①农业防治。选择抗病品种,利用嫁接防病,用红茄、托鲁巴姆做砧木,栽培茄做接穗。选择地势平坦,排水良好的土壤栽培茄子。实行轮作,施用充分腐熟的有机肥足量,增施磷、钾肥,使植株生长健壮,增强其抗病性。露地要求:距地面10厘米的地温稳定15℃以上时定植,避免漫灌,以提高地温。发现病株及时清除,拉秧后及时清洁田园集中烧毁。

②药剂防治。育苗床每年更换新土,或进行严格的土壤消毒,可选用40%棉隆15克/平方米拌细土撒施,然后耙土15厘米浇水,盖地膜,进行熏蒸10天,翻动床土1~2次再播种。定植前用70%甲基托布津可湿性粉剂,或50%多菌灵可湿性粉剂,或40%多福粉,或70%敌克松原粉,或40%棉隆每亩2千克或50%苯菌灵可湿性粉剂1千克,拌成毒土进行全田撒施,然后整地进行定植。缓苗后用70%甲基托布津可湿性粉剂1000倍液,或50%苯菌灵可湿性粉剂800倍液,或50%多菌灵可湿性粉剂500倍液,或70%敌克松500倍液,或30%DT悬浮液350倍液等进行灌根,每株0.2~0.3升。

5 茄子白粉病

5.1 症状

茄子白粉病主要危害叶片,发病初期叶片正、背面产生近圆形白色小粉斑,后期逐渐扩大连片,最后全叶布满白粉,并变成灰白色,严重时整个叶片枯死。

5.2 发病原因及规律

病菌在温室黄瓜或土壤中越冬,借风进行气流传播,高温或干旱条件下易发生,发病适温20~25℃,相对湿度25~28%,但是在高温条件下发病重。棚室栽培多发生于春夏季。

5.3 防治方法

①农业防治。合理密植,施用充分腐熟的有机肥,增施磷、钾肥,避免过量

施入氮肥。高垄栽培,及时打掉下部老叶,注意通风透光,降低空气湿度。

②药剂防治。发病初期可喷施15%可湿性粉剂600倍液或2%农抗120水剂200倍液,或70%甲基托布津可湿性粉剂1000倍液,或40%多硫悬浮剂500倍液,或40%福星乳油4000倍液每5~7天1次,连用2~3次。

西葫芦主要病虫害及防治

1 白粉病

1.1 症状

苗期至收获期均可染病。主要危害叶片,叶柄和茎危害次之,果实较少发病。叶片发病初期,产生白色粉状小圆斑,后逐渐扩大为不规则的白粉状霉斑(即病菌的分生孢子),病斑可连接成片,受害部分叶片逐渐发黄,后期病斑上产生许多黄褐色小粒点(即病菌的子囊壳)。发生严重时,病叶变为褐色而枯死。

1.2 防治方法

①发病期及时清除病株残体,病果、病叶、病枝等。拉秧后彻底清除病残落叶及残体。对保护地、田间做好通风降湿,保护地减少或避免叶面结露。不偏施氮肥,增施磷、钾肥,培育壮苗,以提高植株自身的抗病力。适量灌水,阴雨天或下午不宜浇水,预防冻害。

②药剂防治。西葫芦白粉病发病初期用45%百菌清烟剂,每亩用250~300克分放在棚内4~5处,点燃闭棚熏1夜,次晨通风,7天熏1次,视病情连续熏3~4次;发病初期用20%粉锈宁乳油2000倍液,或40%硫黄悬浮剂600倍液,或50%硫黄悬浮剂250倍液,或"农抗120"200倍液喷雾;采用27%高脂膜乳剂70~140倍液,于发病初期喷洒在叶片上,7~14天喷1次,连喷3~4次。

2 霜霉病

2.1 症状

西葫芦霜霉病病斑小,一般呈现褐色多角形。一般先从叶背面开始发生,初为水渍状小点,逐渐为多角形褐色病斑,病斑融合后造成叶片枯黄。湿度大时叶片背面为紫黑色霉层。

2.2 防治方法

合理密植,并加强通风透光,降低空气湿度。科学施肥,增施磷钾肥,喷施壮瓜蒂灵,提高营养流量,减少落花、落果率,增强植株抗病性。发病初期,使用针对性药剂加新高脂膜,间隔5~7天左右喷一次,有效提高防治效果,并利用高温闷棚的方法,发病期,晴天中午关闭风口,利用高温闷棚2小时,气温掌握在45℃左右。

甜瓜主要病虫害及防治

1 枯萎病

1.1 症状

幼苗发病,须根减少,叶片皱缩,枯萎发黄,倒伏枯死,茎基呈淡黄色。成株期发病,病株生长缓慢,叶片自下向上逐萎蔫,中午尤为明显,其茎基部呈黄绿色浸状,长条形病斑上可生白霉,潮湿时病斑上可生白色至粉红色霉。切断茎部,可见维管束变褐,为该病的重要特征。发病前期白天萎蔫夜间恢复,随病情发展,植株早晚不能恢复,并很快枯死,病株容易拔起。枯萎病是真菌引起的病害,病菌在土壤、肥料、病残体、种子上越冬,在田间靠风雨、灌溉水、肥料、农具、种子、地下害虫和线虫传播,由根尖或伤口侵入。

1.2 发病条件

发病的适宜温度均在20℃~25℃。蔓枯病在种植过密、连阴雨多、湿度偏大、排水不良、光照不足或土质黏重、瘠薄、偏酸性或偏碱性的土壤容易发病,施肥不足或施用未腐熟带菌的有机肥料,偏施氮肥等时都引起发病。久雨后遇到高温或久晴后遇到连阴天气时也容易发病。

1.3 防治方法

①农业防治。要实行与非瓜类轮作,并选用抗病品种,一般薄皮甜瓜比厚皮甜瓜品种抗病;选无病种子并进行种子消毒处理;选用无病新土做床土,旧床土可用50%多菌灵可湿性粉剂按1∶50配药土进行消毒,每平方米撒0.1千克,平整后播种;加强田间管理,用营养钵育苗,移栽时不要伤根,瓜地要保持排水良好,减少氮肥,增施磷钾肥;发现病株及时拔除,病穴及周围要喷药

消毒。

②药剂防治。定植时可用50%多菌灵可湿粉,每亩0.7千克加细土25千克拌匀,用40%乙磷铝可湿粉剂500倍液,每株200~250毫升每7~10天灌1次,连续灌3~4次。在坐果期可用20%甲基立枯磷乳油1000倍液,或40%抗枯宁(抗枯灵)800倍液,或10%双效灵200倍液交替喷,并注意充分喷湿根部及周围土壤。每7~10天喷1次,连喷3~5次。

2 霜霉病

2.1 症状

霜霉病主要危害叶片。发病初期叶片上先出现水渍状黄色小斑点。病斑扩大后,呈不规则多角形、黄褐色。在潮湿条件下,叶背病斑上长有灰黑色霉层。病情由植株基部向上延,严重时病斑连成片,全叶黄褐色,干枯卷缩,易破,瓜瘦小,口感差。

2.2 发病条件

霜霉病病菌以卵孢子在土壤中的病残体上越冬,也可在温室瓜上越冬,病原菌以菌丝体、孢子囊通过气流、雨水、害虫传播。霜毒病的发生和流行与温、湿度关系最大,特别是湿度。湿度越高,孢子形成越快,数量越多。多年连作、栽培过密、地势低洼、浇水过多、排水不良的环境发病严重。

2.3 防治方法

①农业防治。选择抗病品种;选择地势高、土质肥沃、沙壤的地块栽种甜瓜;施用腐熟的优质有机肥,追施磷、钾肥;在生长前期适当控水,结瓜后严禁大水漫灌;及时整枝打杈,保持株间通风良好。

②药剂防治。在发病初期及时喷药防治效果最佳。可选用25%甲霜灵可湿性粉剂800~1000倍液或75%百菌清可湿性粉剂600倍液,或68%甲霜锌可湿性粉剂400倍液等交替喷(注意:苗期谨慎用药,因有些品种易产生药害)。

3 白粉病

3.1 症状

叶片发病,初期在叶正、背面出现白色小粉点。逐渐扩展呈白色圆形粉斑,多个病斑相互连接,使叶面布满白粉。随病害发展,粉斑颜色逐渐变为灰白色,后期偶有在粉层下产生黑色小点。最后病叶枯黄坏死。

3.2 发病条件

病菌随病残体在保护地内越冬。气流和雨水为主要传播途径。高温干燥和潮湿交替有利于病害发生发展。高湿条件适宜发病。生长中后期植株生长衰弱发病严重。

3.3 防治方法

①农业防治:因地制宜选用抗白粉病品种;培育壮苗,定植时施足底肥,增施钾肥,避免后期脱肥。

②药剂防治:发病初期选用农抗 120 或武夷菌素 200~300 倍液,或 40%福星(新星)乳油 8000 倍液,或 2%加收米水剂 600 倍液,或 15%粉锈宁可湿性粉剂 1000~1500 倍液交替喷零。

4 炭疽病

4.1 症状

叶片染病初期为圆形至纺锤形水浸状斑点,后为黑褐色病斑,潮湿时叶面出粉红色黏稠物。叶柄或瓜蔓染病初期为水浸状淡黄色圆形斑点,稍凹陷后变黑,病斑环绕茎蔓一周后全株枯死。果实染病成褐色凹陷病斑,常龟裂溢出粉红色黏稠物,致幼瓜畸形或脱落。

4.2 发病条件

病菌以菌丝体及拟菌核随病残体在土壤中越冬,也可附在种子表面越冬。翌年产生分生孢子,借雨水或流水传播,进行再侵染。本病发生主要因素是湿度,相对湿度85~95%,温度22~27℃,种植过密,通风不良,浇水过多,易于发病。

4.3 防治方法

①种子消毒。可用50%多菌灵可湿性粉剂500倍液,浸泡种子1小时,或者用55℃温水浸种15分钟,晾干后播种。

②农业防治。与非瓜类作物实行3年以上轮作。选沙壤土地种瓜,多施优质腐熟的有机肥,提高抗病能力;露地栽培甜瓜,雨季注意及时排水,瓜下垫草,避免果实直接与地面接触。

③药剂防治。发病初期可选用25%施保克乳油1000~1500倍液,或50%甲基托布津可湿性粉剂800倍液或,50%多菌灵可湿性粉剂500倍液,或80%炭疽福美可湿性粉剂800倍液或70%代森锰锌可湿性粉剂300~500倍液,每7天左右喷一次,连喷2~3次。

菜花主要病虫害及防治

1 菜花猝倒病

1.1 症状

种子发芽后至出土前发病,形成烂种;出土后发病,于近土表处出现水渍状,变软表皮易脱落,病部缢缩并迅速扩展绕茎一周后,菜苗倒伏,造成成片死苗。

1.2 防治方法

①选用抗病品种,提倡施用充分腐熟的有机肥;实行轮作,湿地采用垄作或高畦深沟种植,合理密植。

②种子处理,用种子重量0.2~0.3%的75%百菌清可湿性粉剂或70%代森锰锌干悬浮剂拌种。

③发病初期,可用40%三乙膦酸铝可湿性粉剂200倍液或70%乙磷·锰锌可湿性粉剂或58%甲霜灵·锰锌可湿性粉剂500倍液交替使用,7~10天1次,连喷2~3次,并做到喷匀喷足。

2 霜霉病

2.1 症状

主要危害叶片,也会危害花梗、花器。多从植株的下部叶片开始发病,初始叶片出现淡黄绿色小病斑,后发展成为不规则形状或多角形黄色至黄褐色病斑并逐步坏死呈灰褐色。湿度大时,叶背部密生白色霜状霉。严重发病时病斑扩大连成片状,导致病叶变黄枯死。

2.2 防治方法

①优选稳产抗病品种,合理轮作,精细整地,合理控制栽培密度,适时蹲苗,采用滴管或微喷,切忌大水漫灌。

②种子消毒处理。可用种子重量0.3%的25%甲霜灵可湿性粉剂拌种。

③发病初期每亩用45%的百菌清烟剂110~180克,于傍晚密闭烟熏,隔7天熏1次,连熏3~4次;发现中心病株后,用40%的三乙膦酸铝可湿性粉剂150~200倍液,或72.的霜霉威(普力克)水剂600~800倍液,或75%的百菌清亡性粉剂500倍液喷雾,交替、轮换使用,7~10天1次,连喷2~3次。

3 黑斑病

3.1 症状

主要危害叶片。病斑圆形,灰褐色或褐色,有或无明显的同心轮纹,病斑上生有黑色霉状物,潮湿环境下更为明显,病斑周围有黄色晕圈。叶片病斑大量发生时,容易变黄干枯。

3.2 防治方法

发病初期用75%的百菌清可湿性粉剂500~600倍液,或50%的异菌脲可湿性粉剂1500倍液,7~10天1次,连喷2~3次。

4 根肿病

4.1 症状

使主根或侧根形成数目和大小不等的肿瘤,初期表面光滑,渐变粗糙并龟裂,因有其他杂菌混生而使肿瘤腐烂变臭。植株明显矮小,叶片由下而上逐渐发黄萎蔫,开始晚间还可恢复,逐渐发展成为永久性萎蔫而使植株枯死。

4.2 防治方法

①与非十字花科蔬菜实施轮作,彻底清除病根,集中销毁。发现病株,及时清除,并用15%石灰水浇灌病穴。

②每亩用70%五氯硝基苯可湿性粉剂2～3千克,加细土50千克拌成药土,播前沟施或穴施。

③发病初期可用70%五氯硝基苯可湿性粉剂800倍液,或50%的托布津可湿性粉剂500倍液灌根,每株用药液300毫升。

5 菜青虫

卵孵化盛期选用BT乳剂200倍液,或5%的抑太保乳油2500倍液喷雾;幼虫2龄前用2.5%的三氟氯氰菊酯乳油5000倍液,或10%的联苯菊酯(氯氰菊酯)乳油1000倍液,或40%的辛硫磷乳油1000倍液喷雾。

6 小菜蛾

卵孵化盛期用5%的锐劲特悬浮剂,每亩17～34毫升,加水50～75升,或5%的抑太保乳油2000倍液,或幼虫2龄前用1.8%的阿维菌素乳油3000倍液,或BT乳剂200倍液喷雾。以上药剂要轮换、交替使用,切忌单一类农药常年连续使用。

7 蚜虫

用50%的抗蚜威可湿性粉剂2000～3000倍液,或10%的吡虫啉可湿性粉剂1500倍液,6～7天喷1次,连喷2～3次。用药时加入适量展着剂效果更好。

8 甜菜夜蛾

卵孵化盛期用5%的抑太保乳油2500～3000倍液,或幼虫3龄前用52.25%的毒氯乳油1000倍液喷雾,晴天傍晚用药,阴天可全天用药。

白菜主要病虫害及防治

1 病毒病又叫抽风病

1.1 症状

苗期易感病,初期心叶产生斑点,随即沿叶脉褪绿,逐渐变成淡绿或浓绿相间的花叶,苗僵缩、畸形,叶脉上产生褐色坏死斑点或条斑。

1.2 防治措施

①选用抗病品种,选留无病种株。深耕细作,增施农家肥,加强水分管理,及时拔除弱苗、病苗。

②应早防早治,发病初期每亩用20%病毒A可湿性粉剂500倍液0.5~1.0千克,或用1.5%植病灵0.25~0.5千克,隔7~10天1次,连续防治2~3次。

2 霜霉病

2.1 发病规律

一般9月下旬开始发病,10~11月份盛发,温度高时发病重。

2.2 防治方法

每亩用64%杀毒矾500倍液0.75~1.0千克或用72%克霜氰500倍液0.75~1.0千克喷雾。

3 软腐病

从莲座期开始防治,每亩用72%农用链霉素4000倍液210~420克,或

210～420 克新植霉素 4000～5000 倍液,视病情隔 7～10 天 1 次,连续防治 2～3 次。

4 黑斑病

发现病株用 75% 百菌清 500 倍液 0.75～1.0 千克/亩喷雾,视病情隔 7～10 天 1 次,连续防治 2～3 次。

5 蟋蟀、蝗虫及地下害虫

出苗定棵前每亩用 30～37.5 千克 1.1% 苦参碱粉剂拌毒饵,撒在苗床上或垄面上,防止害虫危害。

6 蚜虫

每亩用 10% 吡虫啉可湿性粉剂 1500 倍液 0.25～0.50 千克,或 21.1% 的菜兴水剂 500～600 倍 0.75～1.0 千克喷雾,隔 7～10 天 1 次,连喷 2～3 次。

7 菜青虫

卵孵化盛期用 BT 可湿性粉剂 1000 倍液 4～8 千克/亩喷雾,隔 7～10 天 1 次,连喷 2～3 次。

西兰花常见病虫害及防治

1 霜霉病

1.1 症状

真菌病害。西兰花叶片染病,下部叶片出现边缘不明显的受叶脉限制的黄色斑,呈多角形或不规则形,有的在叶面产生稍凹陷的紫褐色或灰黑色不规则病斑,生有黑褐色污点,潮湿时叶背可见稀疏的白霉,叶背面病斑上,也有明显的黑褐色斑点,略突起,上有白色霉层,严重的叶片枯黄脱落;花梗染病,病部易折倒,影响结实。

1.2 防治方法

①选择抗病性强的优良品种。
②反季节栽培时,因地制宜,确定播种期。
③种子消毒。播种前用种子重量0.3%的25%甲霜灵可湿性粉剂拌种。
④栽培防病。A.适期适时早播。B.实行2年以上轮作。C.前茬收获后清除病叶及时深翻,提倡带状种植法,方便后期防治病虫害。
⑤合理密植,加强田间管理,平整土地,施足基肥,早间苗,晚定苗,适期蹲苗。
⑥发病初期及时用72%克露可湿性粉剂800倍液、72%霜脲锰锌(克抗灵)800倍液、64%杀毒矾可湿性粉剂500倍液喷雾,隔7~10天1次,连续防治2~3次。对克露、甲霜灵锰锌产生抗药性的可改用69%安克锰锌可湿性粉剂1000倍液。采收前10~15天停止用药。

2 软腐病

2.1 症状

细菌病害。一般始于结球期,初在外叶或叶球基部出现水浸状斑,植株外层包叶中午萎蔫,早晚恢复,数天后外层叶片不再恢复,病部开始腐烂,叶球外露或植株基部逐渐腐烂成泥状,或塌倒溃烂,叶柄或根茎基部的组织呈灰褐色软腐,严重的全株腐烂,病部散发出恶臭味,别于黑腐病。

2.2 防治方法

避免与十字花科蔬菜,特别是与甘蓝类、白菜类连作。加强田间管理,培育壮苗。实行沟灌或喷灌,严防大水漫灌。注意防治西兰花害虫减少伤口。发病初期及时喷洒硫酸链霉素或72%的农用链霉素可湿性粉剂3000~4000倍液或新植霉素4000倍液。

3 小菜蛾

3.1 症状

初龄幼虫仅能取食叶肉,留下透明表皮,3~4龄幼虫可将菜叶食成网状。

3.2 防治方法

用黑光灯诱杀成虫。还可用苏云金杆菌制剂500~1000倍液,或5%抑太保乳油3000~4000倍液(较普通杀虫剂提早3天左右),或1%印楝素水剂800~1000倍液或2.5%天王星乳油1200~1500倍液进行喷雾。

4 菜青虫

幼虫啃食叶肉,只剩一层透明的表皮,重则仅剩叶脉,危害花球时容易发生软腐病,虫病还会污染花球,降低商品价值。

防治方法同小菜蛾。

5 菜蚜

5.1 症状

被害植株严重失水,卷缩、变黄、扭曲畸形,菜蚜危害还可引发煤烟病及传播病毒病。

5.2 防治方法

①在田间设置黄板诱杀或距地面20cm架黄色盆,内装0.1%肥皂水或洗衣粉水诱杀有翅蚜。

②挂银灰色膜条避蚜,膜宽12~23厘米,高1米以上。

③适时进行药剂防治。可选用25%阿克泰水分散粒剂4000~6000倍液,48%乐斯本乳油1000~2000倍液,10%多来宝悬浮剂1500~2000倍液、70%康福多浓可溶剂3000~4000倍液。

甘蓝主要病虫害及防治

1 黑腐病

1.1 症状

主要危害叶、叶球或叶基。幼苗到成株均可染病。染病子叶呈水浸状,逐渐枯萎或蔓延至真叶,真叶的叶脉上出现小黑点或细黑条。成株受害,多从叶缘及虫伤处首先出现黄褐色"V"字形病斑,病部叶脉坏死变黑,沿叶脉、叶柄蔓延到茎和根部,严重时叶柄及茎部干腐,造成外叶枯死,结球不紧。

1.2 防治方法

①重病区实行轮作换茬,避免与十字花科蔬菜连作,最好进行3年轮作,可以显著地减轻受害程度。

②从无病区或无病株上采种。播种前,用50℃温水浸泡种子20分钟。

③加强栽培管理。适时播种,合理灌溉,及时防治害虫,收获后清除病株残体。

④药剂防治。发病初期可选用200毫克/千克农用链霉素每隔7~10天喷1次,连喷3~4次。

2 霜霉病

2.1 症状

幼苗茎、叶染病后,先出现白色霜状霉,后枯死。绿色叶片上病斑则为黑色或紫黑色的不规则病斑,生长期中老叶感病后,病菌侵染进入茎部,在贮藏期间继续发展到叶球内,使中脉及叶肉组织上出现不规则形的坏死斑,叶片干枯脱落。

2.2 防治方法

①种子消毒。从健株上采收种子,播种前用75%百菌清可湿性粉剂拌种效果较好,用药量为种子量的0.4%。

②加强田间管理。幼苗期及时拔除病株。定植后,合理灌溉和施肥。收获后及时清洁田园,进行秋季深耕。与非十字花科作物隔年轮作。

③发病初期或出现中心病株时应立即喷药防治,特别是药液要喷到老叶背面,常用药剂有75%百菌清可湿粉剂600倍液,65%代森锌可湿粉剂500倍液,40%疫霉灵可湿性粉1200倍液,每隔10~15d喷1次。

3 软腐病

3.1 症状

一般多在甘蓝包心期开始发病。发病初期叶球表面发生水渍状软腐,外叶呈萎蔫状下垂,尤其在晴天中午最为明显;进而外叶脱落,病部软腐有恶臭,在病组织内充满污白色或灰黄色黏稠物,最后整株腐烂。

3.2 防治方法

①选择地势较高、排水良好的田块,采用高畦或高垄栽培。注意轮作换茬,切忌与十字花科蔬菜连作。

②及时防治害虫,减少菜株损伤,小水勤浇,不可大水漫灌。收获后彻底清除病株残体,予以深埋或烧毁。加强田间检查,发现病株后及时拔除,并用生石灰撒在病株穴内及周围进行土填消毒。

③药剂防治。常用药剂敌克松500~1000倍液、50%代森锌水剂800~1000倍液喷雾,每隔7~10天喷1次,连续喷2~3次。注意务必将药喷洒到植株根部、底部、叶柄及叶片上

4 菌核病

4.1 症状

主要发生在甘蓝生长后期和采种株上。成株受害后,多在靠近地表面的茎、叶柄或叶片上,发生水浸状、周缘不明的病斑,引起叶球或茎基部腐烂,病部也可长出白色棉毛状菌丝和黑色鼠粪状菌核。

4.2 防治方法

①收获后进行一次深耕,将菌核埋入土表10厘米以下。早春在留种地上进行一次中耕,破坏菌丝蔓延并将子囊盘埋入土中。加强田间管理,采种株搭支架,雨后及时排水,避免偏施氮肥,增施磷、钾肥。

②播种前用10%~14%的盐水选种,后用清水洗净再播种。

③发病初期喷施50%速克灵可湿性粉剂2000倍液,或50%多菌灵可湿性粉剂600~800倍液,重喷老叶背面。

莴笋主要病虫害及防治

1 霜霉病

1.1 症状

霜霉病是莴笋的主要病害。春莴笋、秋莴笋均有发生,尤以春季莴笋受害较重,此病主要危害叶片,先在近地面叶片上出现近圆形或多角形的淡黄色病斑,叶背面长出白霉。随后,病斑变褐色,连成一片,全叶变黄枯死,并迅速蔓延至全株。

1.2 发病规律

病菌在土壤中或秋播莴笋上越冬,种子上也可带菌。一般在春季和秋季阴天气温较低、湿度大、光照少、抗病性差、底肥不足、种植过密、通风和排水不良的地块,发病严重。

1.3 防治方法

①农业防治:选用抗病品种;轮作;适当控制栽植密度;施足底肥,施用优质腐熟的有机肥,加强苗期水肥管理,开沟排水,灌水施肥采用沟灌等以降低田间湿度。莲座期及时预防,收获后清除病残体等。

②种子消毒:用种子重量的0.3%药剂拌种,或25%瑞毒霉(25%甲霜灵)或50%的福美双、甲霜灵锰锌等药剂拌种。③药剂防治:在发病初期防治效果最好,选用药剂和兑水比例:安泰生70%可湿性粉剂1斤兑水1700斤,25%甲霜灵1斤兑水500斤、40%乙磷铝1斤兑水250斤、64%杀毒矾1斤兑水400斤、48%瑞毒锰锌1斤兑水500斤、双露1斤兑水600斤、菌可得1斤兑水1000斤。药剂应交替使用,可提高防治效果,延缓抗性产生。

2 软腐病

2.1 症状

叶片、茎或根冠有伤口时,容易被病菌侵入,开始出现半透明水渍状,2～3天后病部颜色变深,表皮略下陷,溢出白色细菌溢滴物,内部除维管束外都腐烂呈黏滑软腐状,有臭味。高温、潮湿、虫多、伤口多、黑腐病重以及地势低洼、田间积水的地块,发病严重。

2.2 防治方法

①农业防治:选用抗病品种,如直立性品种的植株,茎基部水分容易蒸发,伤口易愈合,可减少病菌侵入;宜选择地势较高、灌排水条件好的地块,避免选用低洼易涝地块;实行轮作;基肥充分腐熟;铲除病株,病穴用石灰消毒。

②种子消毒:用热水和高锰酸钾浸种。将种子放在50度热水中浸25分钟,再浸入1%高锰酸钾液中15分钟,然后用清水冲洗干净。③药剂防治:发病初期用新植霉素或农田链霉素1斤兑水4000斤,喷雾或灌根,也可用农用链霉素一包和绿亨六号一包兑水30斤喷雾,或用水合霉素两包和春雷霉素一包兑水200斤喷雾。

3 菌核病

3.1 症状

主要症状是地面茎基部先呈现水渍状褐色病斑,后向上扩展蔓延并腐烂,病部遍布白色丝状物和黑色鼠屎状大颗粒(菌核)。病株叶片变黄枯萎。该病以菌核在土中越冬。风雨传播侵害植株,扩大蔓延。多雨积水、低温潮湿、种植过密等均为发病条件。

3.2 防治方法

①实行3～4年轮作。

②种子消毒:用浓度为10%的盐水选种,除去混入种子中的菌核(鼠粪

状)。

③药剂防治:发病初,可选用50%速克灵可湿性粉剂1斤兑水1500斤,或40%菌核净可湿性粉剂1斤兑水1000斤,或50%多菌灵可湿性粉剂1斤兑水500斤,或70%甲基托布津可湿性粉剂1斤兑水800斤,每隔7~10天喷1次,连喷3次。

4 蚜虫

蚜虫防治:一般可用48%乐斯本1斤兑水800斤,或50%抗蚜威可湿性粉剂1斤兑水2000~3000斤,或10%吡虫啉1斤兑水2000斤喷雾,快杀敌乳油(顺式氯氰菊酯)。病毒病在结合防治传毒蚜虫的同时,用20%病毒A每斤加水500斤喷雾。

大蒜主要病虫害及防治

1 蒜蛆

1.1 症状

蒜蛆又称葱地种蝇、葱蛆、葱蝇。蒜蛆是危害大蒜的一种常见地下害虫,类似粪蛆,乳黄色,体长0.7厘米~0.8厘米。蒜蛆以幼虫蛀食蒜鳞茎,引起鳞茎腐烂,地上部叶片表现枯黄、萎蔫,甚至死亡。拔出受害株可发现蛆蛹,被害蒜皮呈黄褐色腐烂,蒜头被幼虫钻蛀成孔洞,残缺不全,蒜瓣裸露、炸裂,并伴有恶臭气味。被害株易被拔出并拔断。

1.2 防治措施

①农业防治:选用无病、无伤、大小均匀的新鲜蒜种;农家肥要充分腐熟深施;蒜蛆喜湿怕干,在大蒜根部周围,顺沟每667平方米施草木灰150公斤,蒜蛆忌灰,防治效果较好;蒜蛆发生地块,必要时大水漫灌1次,可减轻发生。

②物理防治:在根蛆成虫发生期用糖醋液诱杀。糖2份、醋2份,加少量水和敌百虫,用盆盛放在田间诱杀。

③人工诱杀成虫。可用红糖、醋、水按1∶1∶2.5的比例配成诱杀液,并加入锯末和敌百虫拌匀,放入诱集盆中,在大蒜连片地诱杀成虫。这样在产卵前杀灭成虫,可起到事半功倍的效果。

④驱杀成虫。在成虫产卵期用1.8%的齐螨丁1000倍液喷杀成虫及卵,每7天喷1次,连喷2次,减少成虫产卵基数,减轻危害。

⑤追施氮硫肥。结合浇水追施对蒜蛆有一定驱杀作用的氮硫肥,可减轻受害程度。

⑥化学防治:播前处理,经过选种,剔除烂瓣后,用0.5公斤乐果乳剂对水3公斤,稀释后可拌100公斤蒜瓣。也可每667平方米用敌百虫粉1.5公斤~2公斤,对细干土25公斤,撒在沟里。幼虫发生期,用蒜蛆一遍净或48%乐斯本乳油1500倍液、52.25%农地乐乳油1500倍液、50%辛硫磷800倍液灌根,每7天~10天1次,连续2~3次。也可用48%乐斯本乳油,随春季第1次灌水施入,每667平方米施375毫升~750毫升。

2 叶枯病

2.1 症状

大蒜叶枯病是大蒜上常见的病害之一,各菜区均有不同程度发生,主要危害露地栽培的大蒜初呈花白色小圆点,后扩大呈不规则形或椭圆形灰白色或灰褐色病斑,上部长出黑色霉状物,在上散生许多黑色小粒。为害严重时全株不抽苔。

2.2 防治措施

①播前药剂拌种、浸种。蒜头剥开用50%多菌灵可湿性粉剂,用量为蒜头种子重量的0.3%进行拌种。

②不连作,改种其他蔬菜,对病残株要及时清理,烧毁或深埋,减少菌源。

③加强田间管理。合理施肥,合理密植,及时开沟排水,降低温度增强植株抗病力。

④发病初期及时进行药剂防治。可选用75%百菌清可湿性粉剂600倍液,或50%扑海因可湿性粉剂1000倍液,于发病初期每隔7~10天喷洒1次,连续喷2~3次。

洋葱主要病虫害及防治

1 黑粉病

1.1 症状

该病主要发生在 2~3 叶期的小苗上,病叶微黄,稍萎缩、扭曲,地下鳞茎上有银灰色稍隆起的条斑,重者呈瘤肿状,内部充满黑褐色的粉末,即病菌的原垣孢子团。病苗多早期枯死,轻病株生长缓慢,很少能形成鳞茎。病菌以厚垣孢子附着在病残体上或在土壤中越冬。洋葱育苗时,病菌从幼苗子叶基部侵入引起发病,孢子团散出厚垣孢子借风、雨、灌溉水传播。连作或播种过深、发芽出土迟发病重。

1.2 防治方法

①合理轮作:与大葱以外的非感病作物实行 2~3 年轮作。
②选无病苗栽植:在洋葱移栽前严格选苗,淘除病苗,只留无病苗栽植。
③种子拌药,预防土壤中病菌侵染:洋葱种子不带菌,用种子量 0.2% 的 50% 福美双可湿性粉剂拌种,预防播种后土壤中病菌侵染。

2 茎腐病

2.1 症状

茎腐病又叫枯萎病,苗期、成株期、贮藏期均可发病。发病初期下部叶片黄化、萎蔫或弯曲,鳞茎侧面呈软腐状腐烂,后扩展到茎盘,严重时地上部全部萎蔫,茎盘变褐枯死。湿度大时,鳞片间产生白色霉状物。干燥条件下,病组织变紫枯死。该病由洋葱尖镰孢菌洋葱转化型真菌侵染致病。病菌以厚垣孢子在土壤中越冬,翌春天气条件适宜时产生分生孢子,借雨水、灌溉水、地蛆等传播,从伤口侵入,在病斑上产生分生孢子进行再侵染。高温、多湿、地蛆危害严重等条件下发病重。

2.2 防治方法

①合理轮作:与禾本科作物实行3~4年轮作。

②选用无病苗栽植:在移栽时,严格选用无病健苗栽植。

③加强田间管理:对田间发生的病株,及时拔除,集中深埋,减少田间再侵染菌源。

④及时防治地蛆:为减轻地蛆传病,在地蛆发生初期,用40%辛硫磷乳油1000倍液或480克/升毒死蜱(乐本)1000倍液等药剂防治。

⑤农业防治:主要是做好雨后及时排除田间积水,低洼地块更应注意排水,预防病菌随雨水径流传播。做好中耕、深松,利于土壤充分渗水,减少径流传病。采用高垄或高畦栽培。

3 洋葱地蛆

3.1 地蛆形态特征

地蛆是种蝇幼虫的通称,危害洋葱的地蛆是灰地种蝇的幼虫,成虫为小型蝇子,体长5-6毫米,体暗褐色,胸部背面有3条黑色纵纹,各腹节间有1条黑色横纹。幼虫蛆形,体长6-7毫米,乳白色,头退化,仅具1对黑色口钩。以蛹在土壤中越冬。4月中、下旬羽化出成虫,并交尾产卵,孵出幼虫危害洋葱根茎,引起腐烂。成虫白天活动,晴天中午较活跃。对未腐熟有机肥和发酵的物质有趋性。喜潮湿,土壤湿度大,利于该虫发生。

3.2 防治方法

①合理轮作:与禾本科作物实行2~3年轮作。

②诱杀成虫:在洋葱田设置糖醋液盆诱杀成虫。糖醋液配方为:糖0.5千克,醋1.0升,水0.75~1.0升,敌百虫25克,制成混合液,装入盆中,在成虫发生期进行诱杀。每公顷设置诱杀盆150~200个。也可在田间挖成直径20~

24厘米,深14~17厘米圆坑,铺上塑料,四周用土压实,每坑注入糖醋液0.5~1.0升诱杀。

③药剂防治:在成虫盛发期,用4.5%高效氯氰菊酯乳油,或25克/升溴氰菊酯(敌杀死)乳油,或20%甲氰菊酯乳油3000倍液,喷雾防治。

无公害蔬菜生产中病虫害防治关键技术探析

俗话说,民以食为天。蔬菜作为人类饮食生活中不可或缺的产品,其安全与质量逐渐受到了更多关注,因而无公害蔬菜生产迈入了高速发展时期。在此过程中,病虫害防治工作的开展对食品安全质量有着直接影响,一直是农业技术发展的重点方向。因此,无公害蔬菜生产病虫害防治关键技术方面的研究颇受瞩目。

1 无公害蔬菜生产现状

无公害蔬菜生产事关环境、人为和技术等因素影响,并非单纯指蔬菜中无农药残留,而是要确保合理规范使用农药,依据相关标准有效控制有害物质,并达到有关部门检验合格要求,具有低毒性、低残留等特点。近年来,随着农业科技发展,人们对病虫害机理及防治的认知越发深刻,无公害蔬菜生产也由此展现出了欣欣向荣的风貌,满足了消费者健康饮食的要求。但是在现实的农业生产过程中,部分种植者对于无公害蔬菜的概念认知尚浅,未能及时、精准地掌握病虫害预测信息,同时相关技术运用也不够成熟。例如,病虫害防治技术应用不规范,导致用药的次数多、量过大,出现了农药残留超标的问题。因此,注重病虫害防治关键技术推广,加强农民素质培训至关重要,是无公害蔬菜生产的基础和前提,对促进农业经济发展意义重大。

2 无公害蔬菜生产病虫害防治关键技术

知识经济时代,技术是农业产业发展的核心资本和关键动力。从作用机理上划分,无公害蔬菜生产病虫害防治关键技术主要分为物理防治、化学防治以及生物防治3大类。

2.1 物理防治

在无公害蔬菜生产病虫害防治技术体系中,物理防治是最传统、经济的方式之一。根据一年中的节气温度变化,采用不同的病虫害防治办法。一般情况下,高温60℃以上气温可杀死地表病菌和虫卵,从而达到防治病虫害的效果。因此,夏季可在土表覆盖地膜,利用高温,防治无公害蔬菜生产中的病虫害;秋季要遵循害虫休眠的习性,进行深翻作业,燃烧沟渠、田边、路旁等闲杂地方的作物秸秆,既可节省肥料成本,又可抵御病虫繁殖;而在严寒的冬季,可利用低温天气冻伤、冻死病害虫卵。同时,也可利用害虫趋避性的特点进行生产防治,如铺挂银灰色膜可驱除蚜虫、黄色机油板可诱集夜蛾等。此外,在夏季多病虫时节,还可铺设防虫网,不仅可以防治飞虫,还可起到遮光、降温、保湿及防雨水冲刷等作用。

2.2 化学防治

化学制剂可以有效防治病虫害,具有针对性强的特点,但要注意科学合理的选用农药,严禁使用高毒、致癌、易突变和高残留的有机磷类农药产品,以防无公害蔬菜农药残留检验超标。在具体的实施过程中,要严格遵从农药使用安全标准及流程,做好基础防护工作,并适当调整施药时间和浓度,尽可能保证效果最佳。此外,在用药安全间隔期之后再进行采摘,确保农药残留符合国家相关规定。根据蔬菜作物种类的不同,应保持的禁药收获间隔期存在差异,一般叶类菜是7~12天、茄果类是5~7天、瓜类菜是3~5天,同时,农业部及社会机构还需加强农民技术素养建设,提高农民对农药性能的认知,讲解正确的使用方法,传授无公害蔬菜生产经验,引导其掌握好用药时机、剂量以及种类。

2.3 生物防治

所谓的生物防治技术是指充分利用生物间的相互关系,以某类生物抑制另一类生物生长,从而达到防治无公害蔬菜产生病虫害的目的,其最大的优势在于生态环保。具体而言,生物防治包括以虫治虫、以菌治虫和以菌治菌3

类。有机利用生物种群动态发展规律,加强对益虫、益鸟的保护和利用。如:赤眼蜂、七星瓢虫、捕食螨等可抑制蚜虫、叶蝉、菜青虫等;核型多角体病毒、颗粒体病毒等可抑制蔬菜鳞翅目害虫,包括菜青虫、斜纹夜蛾、棉铃虫等;阿司米星(武夷霉素)可防治蔬菜灰霉病和白粉病。此外,大多数害虫具有喜湿怕干的趋性,施用草木灰既可抑制其繁殖发育,还是很好的肥料,在农村地区十分常见。生态经济时代,生物防治技术发展愈发迅猛,成为无公害蔬菜生产的重要措施。

3 结语

总而言之,无公害蔬菜生产中病虫害防治关键技术的发展与研究十分重要。由于个人能力有限,加之农业生产技术不断革新发展,本文做出的研究可能存在不足。因此,希望学术界的专业人士持续关注无公害蔬菜生产病虫害防治关键技术,明确各类技术的适用范围特性,并作全面、详细的论述,以推进农业经济发展。

日光温室杀菌补光技术 1

日光温室杀菌补光技术 2

熊蜂授粉技术 1

熊蜂授粉技术 2

水肥一体化膜下灌溉技术1

水肥一体化膜下灌溉技术2

宽行密植半高垄栽培技术 1

宽行密植半高垄栽培技术 2

智能控制检测设备 1

智能控制检测设备 2

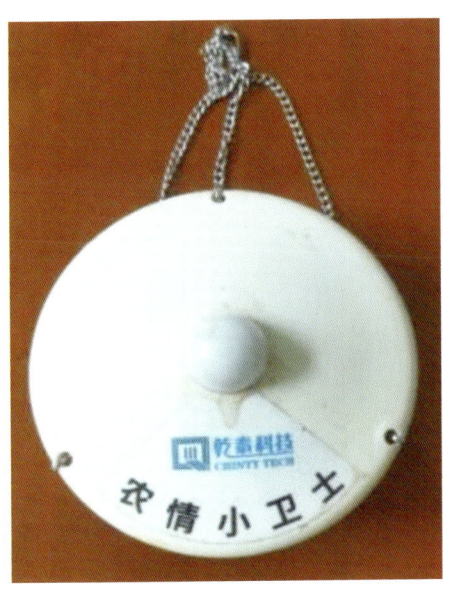

智能控制检测设备 3

蔬菜病虫害绿色防控技术1

蔬菜病虫害绿色防控技术2

基质穴盘育苗技术1

基质穴盘育苗技术2

生物秸秆反应堆技术 1

生物秸秆反应堆技术 2

玲珑王

陕农 7 号

农大甜 9 号

农大甜 6 号　　　　　　　　　农大甜 8 号

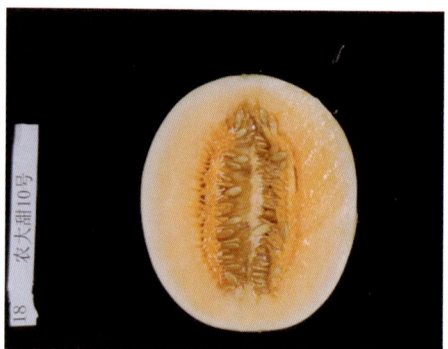

农大甜 10 号

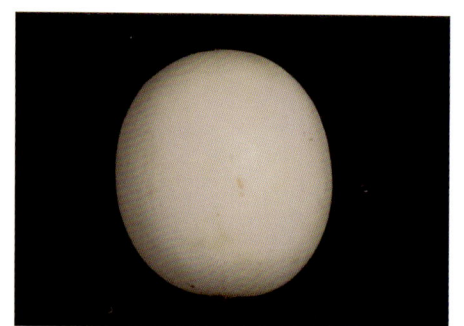

农大甜 5 号　　　　　　　　　　永安 2 号

春玉 4 号　　　　　　　　　　春玉 5 号

迷你玉

迷你桔

贝福利

陕农7号

园艺504

泾番1号

番茄黄化曲叶病毒

番茄灰霉病

番茄灰叶斑病

番茄灰叶斑病

辣椒病毒病

辣椒青枯病